如何向AI提问

晴山 易兴 著

中国友谊出版公司

图书在版编目（CIP）数据

如何向 AI 提问 / 晴山, 易兴著. —— 北京：中国友谊出版公司, 2025.4. —— ISBN 978-7-5057-6089-9

Ⅰ. TP18

中国国家版本馆 CIP 数据核字第 2025NT0387 号

书名	如何向 AI 提问
作者	晴山　易兴
出版	中国友谊出版公司
发行	中国友谊出版公司
经销	北京时代华语国际传媒股份有限公司　010-83670231
印刷	三河市宏图印务有限公司
规格	880 毫米 ×1230 毫米　32 开
	9.25 印张　258 千字
版次	2025 年 4 月第 1 版
印次	2025 年 4 月第 1 次印刷
书号	ISBN 978-7-5057-6089-9
定价	58.00 元
地址	北京市朝阳区西坝河南里 17 号楼
邮编	100028
电话	（010）64678009

前言
为什么要写这本书

我是一名写作教练,曾经帮助 3000 多位作者出版图书。在这个过程中,我长期研究如何能够在短时间内快速提升作者的写作能力。我发现提问是个非常好的方法,因此一直精进自己的提问能力。

除此之外,我还是一名埃里克森教练(基于神经语言程序学的成果导向型的教练技术,主要应用于个人成长、职业转型和团队发展等领域),受过专业的训练。教练就是用强有力的发问来激发客户心中的巨人,我不仅把这套思维和方法迁移到写作中激励作者,而且也顺便迁移到 DeepSeek 中来激发机器,效果非常显著。

在长期的写作和辅导写作中,我深刻地意识到 AI(人工智能)将会为人类的文字表达带来质的飞跃,便毫不犹豫地全身心投入 AI 工具的学习中。突然有一天,我发现自己真正能够用提问高质量地激发 AI 工具时,就像学会了哈利·波特魔法学校里的咒语。一旦掌握了这套咒语,麻瓜就打开了魔法新世界的大门。我特别想跟大家分享这份欣喜和快乐,所以便把自己的经验和体会整理成书，传递给有缘的你。

如何用好这本书，快速学会 AI 提问？

为了能够让大家更快、更高效地学会向 AI 提问的技巧，我把这本书写作的大逻辑和小框架都在这里展示出来，同时给大家一个终极的解决方案：AI 万能提问公式和提问指令结合使用，是快速掌握 AI 提问的不二法门。

第一，本书的结构基本上按照 AI 万能提问公式排布。

AI 万能提问公式 = 角色设定 + 背景信息 + 任务目标 + 输出要求 + 输出格式。

5 个因素都进行了详细展开和应用场景模拟。具体来说，有 13 个高频的角色设定、9 个常用的背景信息、18 个任务目标、20 个输出规则和 10 个输出格式。

与此同时，因为教练的身份，我特意站在教练提问的角度增加了一个模块：提问中的注意事项。这不仅是针对 AI 提问，同时也是高效提问的底层逻辑。360 度提问的指令方法及应用场景的展示，一定会让你对 AI 高效提问有更加深刻的认知。

第二，在每个具体的问题中设计一组小结构。

为了让读者更好、更直观、更高效地看到指令在不同场景的应用和对比，我把每个具体的问题大致分为以下结构：

- 应用场景
- 无效提问
- 无效提问的回答（AI 回答）
- 有效提问
- 有效提问的回答（AI 回答）
- 总结

这样设计就是为了让读者对关键词有认知、学会技巧、融入场景，而无效提问和有效提问以及 AI 相应的回答这样对比式的展示，会让你立刻明白对于不同的提问，AI 的回答立分高下。最后还有一段总结，帮助你升华认知和总结规律。

第三，把AI万能提问公式和提问指令结合起来使用。

要想很好地向AI提问，实现人机合一，就要把AI万能提问公式和提问指令结合起来，这是"王炸"组合、终极方法。在这个过程中，你也会受到启发，产生10倍或者100倍的创意和灵感，进而熟练地掌握提问技巧，全面拥抱AI新时代。

AI时代，学会向AI提问是第一生产力，那么现在就开始神奇的AI提问之旅吧！

目 录

1 走进 AI 时代

1.1 我们正以迅雷不及掩耳之势进入 AI 时代 / 002
1.2 AI 时代，学会向 AI 提问意义重大 / 004
1.3 DeepSeek：AI 领域的颠覆者 / 006
1.4 DeepSeek 爆火，让 AI 时代来得更快了 / 009
1.5 DeepSeek 与 ChatGPT / 011
1.6 Manus 震撼发布——全球首款通用型智能体 / 014
1.7 提问是人类独有的意识光辉 / 015

2 高频的角色设定

2.1 导游 / 024
2.2 广告商 / 027
2.3 记者 / 032
2.4 励志教练 / 037
2.5 演讲者 / 040
2.6 数学老师 / 044
2.7 面试官 / 046
2.8 职业顾问 / 050

2.9 网页设计师 / 054
2.10 会计师 / 059
2.11 营养师 / 063
2.12 影评人 / 066
2.13 健身教练 / 069

3 高频的背景设定

3.1 确定时间范围 / 074
3.2 要求提供案例 / 076
3.3 赋予角色身份 / 077
3.4 指定应用空间 / 081
3.5 界定关键变量 / 084
3.6 明确前提条件 / 086
3.7 理清问题结构 / 088
3.8 指定对比对象 / 090
3.9 提供预期结果 / 092

4 提问中的目标设定

4.1 智囊团建议 / 098
4.2 写报告 / 101
4.3 收集资料 / 105
4.4 写标题 / 108
4.5 制订计划 / 109
4.6 产品文案 / 113
4.7 准备面试 / 116
4.8 整理资料 / 119
4.9 总结复杂文本 / 122

4.10 总结复盘 / 125
4.11 记忆关键信息 / 128
4.12 迅速了解行业 / 130
4.13 朋友圈文案 / 133
4.14 小红书笔记 / 135
4.15 写招聘公告 / 137
4.16 写短视频文案 / 142
4.17 演讲稿 / 145
4.18 生成提示词 / 148

5 向 AI 提问的技巧

5.1 开放而非封闭 / 154
5.2 正向非负向 / 157
5.3 针对而非宽泛 / 160
5.4 客观而非主观 / 162
5.5 明确范围 / 164

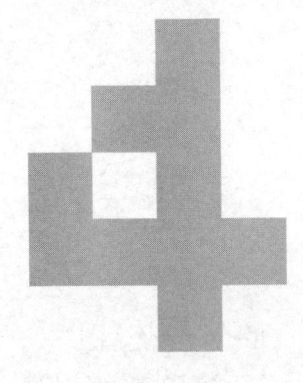

- 5.6 进一步追问 / 166
- 5.7 细化问题 / 169
- 5.8 追问详细方案 / 170

6 高频 AI 输出规则

- 6.1 SMART 原则 / 176
- 6.2 费曼学习法 / 179
- 6.3 二八法则 / 181
- 6.4 番茄工作法 / 184
- 6.5 冰山模型 / 188
- 6.6 艾宾浩斯遗忘曲线 / 194
- 6.7 西蒙学习法 / 198
- 6.8 逆向思维 / 203

6.9　OKR 工作法 / 206
6.10　类比 / 212
6.11　设定 AI 文本风格 / 215
6.12　指定学习时间 / 216
6.13　另一种选择 / 220
6.14　根据 + 某个信息来源 / 222
6.15　生成提示 / 225
6.16　决策评估 / 228
6.17　六项思考帽 / 231
6.18　不要在回复上做解释 / 235
6.19　学习顶级人才的优秀之处 / 237
6.20　平衡轮 / 239

7　要求 AI 输出格式

7.1　目录 / 244
7.2　PPT（AI 科技元宇宙）/ 248
7.3　表格 / 252
7.4　创建任何形式的文本 / 256
7.5　数字 / 259
7.6　文章大纲 / 262
7.7　关键词 / 266
7.8　插入 emoji 表情 / 269
7.9　详细步骤 / 272
7.10　给出案例 / 275

后记 / 279

1 走进 AI 时代

1.1 我们正以迅雷不及掩耳之势进入 AI 时代

人类历史上,每次技术的变革都会相应带来生产力的爆发和经济的快速发展,回顾人类历史上的几次工业革命:

第一次工业革命(18 世纪 60 年代至 19 世纪初)。这次革命以英国为中心,最引人瞩目的成就是蒸汽机的发明和使用。蒸汽机的出现推动了机器的大规模使用和工厂的兴起,并取代了手工业,从而实现了生产力突飞猛进的发展。

第二次工业革命(19 世纪中叶至 20 世纪初)。它促成了电力技术的广泛使用、内燃机的使用以及通信业的发展,涵盖了很多的行业和领域,推动了生产力大规模的发展,人类由此进入"电气时代"。

第三次工业革命(20 世纪末至今)。以科学技术为核心,原子能、电子计算机、空间技术、生物工程等技术的兴起改变了人们的生活和工作方式。这次革命是涉及信息技术、新能源技术等多领域的一场信息控制技术革命,带来了数字经济、云计算等领域的蓬勃发展,使社会生产力呈几何级数增长。

2022年底,以ChatGPT为代表的AI火爆出圈之后,AI话题就被彻底引爆。紧接着百度发布了"文心一言",华为发布"盘古大模型",阿里发布"通义千问大模型",各大网络公司纷纷入局AI赛道。而在这场技术竞赛中,中国AI企业DeepSeek凭借开源模型DeepSeekR1-V3实现弯道超车——其性能比肩GPT-4o和Claude-3.5-Sonnet,训练成本却仅为后者的1/10。这场技术革命不再局限于巨头间的博弈,命运的齿轮从此转动,整个时代被AI技术带领着,风驰电掣地飞奔。智能革命时代到了,错过AI就等于错过了未来,第四次工业革命的浪潮正在以前所未有的速度和深度改变着我们的社会。

工业革命在不同程度上改变了社会经济和文化格局,推动了人类社会的进步。但它是一把双刃剑,普通人必须知道一点:工业革命同样也会带来大量的失业。就像当年汽车出现后,马车夫就失业了;机械生产出现后,大量的纺织女工被取代;在现在的工厂流水线上,基本上看不到几个工人,全部由机器自动组装完成。这就意味着高速发展的AI时代将会淘汰一大部分人,一大部分进不去新的结构的人,就像很多老人不会用智能手机中的App一样。现在很多公司HR列出的招聘要求上,已经把"会用DeepSeek"写入岗位要求,甚至专门招聘精通DeepSeek的新媒体运营、文案、剪辑、产品经理等。

有网友整理了一份最有可能被AI取代的"风险最高"职业清单,不知道其中是否有你正在从事的工作?可以毫不夸张地说,会用AI的人如虎添翼,不会用AI的人只能抱残守缺。

AI正在悄然改变世界,那我们又该用AI改变什么?

1.2
AI 时代，学会向 AI 提问意义重大

1.2.1 提高个人议价能力，让自己更值钱

就像人们所说的那样："AI 不会让你失业，会用 AI 的人才会让你失业。DeepSeek 不会淘汰你，会驾驭 DeepSeek 的人会淘汰你。"10 年之后回头再看，也许我们这代人正在穿越一场巨大变革的暴风之眼，但很多人面临严峻惊险的境况而不自知。

小米创始人雷军曾说，成功的关键不是聪明和勤奋，这只是成功的前置条件，有这些不保证你成功。真正重要的是顺势而为，你要找到那个风口。时代的红利才是最大的风口，把握时机，把握战略点，要远远超过战术。所以，抓住 AI 这波红利的时间窗口，赶快提升你的能力，尽早习惯人机协作，驾驭 AI 新工具，先用它、用好它，一定会让你在职场变得稀缺，变得抢手，变得更值钱。

DeepSeek 会让强者如虎添翼，在它大火之后，市场上出现了一个新的岗位——指令提示工程师，甚至有公司开出百万年薪公开招募这样的人才。

随着 AI 的发展和普及，职场上越来越需要"专业场景 +AI"，就比如：

- 人力资源 +AI

- 销售（售前、售后）+AI
- 新媒体文案 +AI
- 健康指导师 +AI
- 营养师 +AI
- 摄影师 +AI

……

由此倒逼很多应聘者既要懂专业知识又要懂 AI，这种跨学科、多维度的人才可以直接降本增效，为企业赋能，企业求之不得，视若珍宝。我也曾跟很多在行业、专业中具有领头羊地位的作者说，赶紧布局 AI+，这将让你如虎添翼，打造多维度竞争力，建构自己强有力的护城河。

1.2.2　轻松拥有一个专家智库

学会向 AI 提问，就等于拥有了一个专家智库。你只需要给它设定一个特定的身份和角色，它就可以从这个专家智库中给你调出一位 24 小时随时待命的资深专家，关键是质量极高、成本极低：

- 写文案、销售信、公众号文章、短视频脚本。
- 做表格、PPT、图片，甚至设计课程。
- 安排旅游景点、行程、路线、酒店。
- 安排孩子的暑假学习、运动、娱乐的计划。
- 量身定制健康减肥食谱、运动计划、作息时间。

要知道，这仅仅只是开始，就已经大大提高了人们工作和学习的效率，不敢想象再过几年，AI 的智能程度会进化成什么样。

1.2.3　百倍提升工作学习效率

用好 AI，可以轻松帮你拉开与身边人的差距。如果你是一位在新媒体公司负责文案写作的文员，不用再付费学课程、找老师，就能学到全面的写作方法和技巧，只需要把你的需求交给 DeepSeek，并给它设定一个"爆款小红书文案写手"的身份，它就能迅速把专业答案给你，甚至可以直接帮你写好。

同样，对于在校的学生，遇到不会的难题可以让 DeepSeek 来辅导；对于在职场工作的白领，可以通过 AI 提供的信息和回答来提升自己的职场竞争力；对于创业者，想通过 AI 工具来提高工作效率，降低成本，把问题交给 DeepSeek 并借助提问技巧，它就能快速提供解决方案，不需要再额外花费大量的时间去付费寻找、尝试学习，而是可以一键直达。

1.3
DeepSeek：AI 领域的颠覆者

1.3.1　横空出世，震惊全球

2024 年 12 月底，中国私募巨头幻方量化旗下的人工智能团队"深度求索(DeepSeek)"发布了其全新一代大模型DeeepSeek-V3,以"性能媲美GPT-4,成本仅为行业标杆的1/10",改写了全球AI竞争的格局,瞬间引发全球范围的激烈讨论。

DeepSeek-V3模型采用了混合专家(MoE)架构,总参数量达6710亿,在数学推理、文本生成等核心任务中超越大多数其他模型,与Claude-3.5-Sonnet、GPT-4o等闭源模型巨头不相上下,甚至更好。其每秒60个token的处理速度,让实际应用效率提升了3倍,用户在使用时几乎感受不到传统AI的"思考延迟"。

它用开源的力量、低成本的方式,以及对人类需求的深刻洞察,在短时间内成长为全球AI领域的焦点。接下来,我们走进DeepSeek的故事,探寻它如何以坚定的步伐,开拓人工智能的未来。

1.3.2 DeepSeek的成长史:理想主义者的技术远征

DeepSeek-V3的母公司幻方量化是一家本土金融企业,自创立之初便以"数学与人工智能驱动量化投资"为核心理念,2019年开始全面转向AI研发,是国内少数几个起步早且拥有AI研究能力的公司之一。这种"用金融反哺科技"的模式,为DeepSeek提供了充足的研究资金与算力储备。

不仅如此,DeepSeek团队也是十分年轻化的。员工的平均年龄仅28岁,90%成员毕业于清华、北大等国内顶尖学府。这种年轻化的组织形态催生出了惊人的创新密度:发布的V3模型使用了最新的论文中的技术。团队还坚持开源全部模型,甚至发布53页技术报告"手把手"指导。

在"融资—烧钱—上市"的行业常态中，DeepSeek 选择了一条"反常"之路：拒绝营销炒作，仅通过博客低调发布最新模型；不追求商业化，模型价格低廉，甚至在官网就能直接免费无门槛使用；一心搞研究，快速落地实验最新技术，走在探索开拓的前沿。

DeepSeek 鼓励创新，尊重每一个成员的独立思考。正是基于这种"技术理想主义"和开放包容的态度，DeepSeeek 得以诞生。

1.3.3 DeepSeek 的未来：创新无边界

DeepSeek 的故事是一个关于理想、勇气与智慧的当代寓言。当大多数 AI 公司忙于商业化时，DeepSeek 却没有被眼前的短期利益所迷惑，而是坚持深耕基础研究，潜心开发和完善自己的核心技术，在技术本质上打破壁垒，实现了真正的突破。对 DeepSeek 而言，人工智能的上限远不止如此。DeepSeek 的团队不仅是在做技术创新，更是在为人类智能的进化搭建基础设施，让科技的火种能够在全球范围内得到传播。

站在 2025 年的门槛回望，DeepSeek 或许只是序章。未来，人工智能将进一步渗透到人类生活的方方面面，DeepSeek 也将继续引领这一浪潮，探索更多的可能性。在这条少有人走的路上，DeepSeek 正在书写属于人类智能时代的答案。

1.4 DeepSeek 爆火，让 AI 时代来得更快了

DeepSeek 以"低成本 + 高性能 + 开源"的颠覆性模式席卷了全球科技界。有人不禁要问："这场技术海啸究竟造成了多大规模的影响？"答案是：在技术突破、市场格局、社会影响等多个维度，DeepSeek 都取得了划时代成果。

1.4.1 打破垄断与科技霸权

在 DeepSeek-R1 模型发布的次日，美股遭遇了史诗级震荡：芯片巨头英伟达公司的股价暴跌 17%，市值直接蒸发了 6000 亿美元，损失相当于 1.5 个特斯拉，甚至直接创造了美国股市历史上首次单日最大损失纪录。博通、台积电等芯片概念股票也紧跟着暴跌。

造成这一冲击的主要原因是：DeepSeek 仅用了 557.6 万美元的训练成本和有限的芯片，就创造出了媲美顶尖 AI 公司的研究成果。要知道，英伟达作为全球最大的 GPU 制造商，长期以来在 AI 算力的供给方面占据主导地位，其产品是 AI 训练和推理过程中的核心硬件。美国为了阻挠我国在人工智能领域的研究，长期限制 AI 芯片出口，形成了科技霸权。

长期以来，行业内的主流观点认为：开发一个顶极 AI 模型必须依靠巨大成本、高昂算力、海量数据才能完成。像 GPT-3、Google DeepMind 等模型，训练成本高达数亿美元，且需要数万台高性能的设备。然而，DeepSeek 却证明了即使不依赖于传统的芯片和高昂的算力，也能完成卓越的 AI 研发和创新。这种创举直接动摇了市场对其他人工智能公司的信心，从而导致其股价暴跌。

大模型研究者刘知远认为，DeepSeek 带来一个非常重要的启示："我们用'小米加步枪'依然能够取得非常广阔的胜利。我们即将迎来一个非常重要且意义深远的智能革命时代。"

可以说，DeepSeek 用实力说话，颠覆了整个人工智能行业的认知。许多投资人和人工智能行业从业者都开始重新思考：是否只有靠大量投入硬件，才能产生最强大的 AI 模型？一味地垄断硬件，在 AI 创新中还能占有主导地位吗？

1.4.2 浪潮席卷全球，AI 时代或许已经来临

DeepSeek 的爆火不仅体现在技术领域，也引起了大众的广泛关注。DeepSeek 发布 13 天内，其下载量在 140 个国家和地区应用商店登顶。美国区下载量达 1600 万次，超越了 ChatGPT 历史峰值，成为全球用户关注的焦点。

随着 DeepSeek 出圈，它也成为全球科技圈和创业圈的热门话题。许多创业者和投资者纷纷投身于 AI 产业，希望借助这一技术带动自己的产品和服务。目前，百度、华为、阿里、腾讯等多家企业已经宣布将 DeepSeek 模型接入自己的产品中，预示着 AI 的应用将迎来更加广阔的发展前景。相信在不远的未来，更多场景会出现 AI 应用，为普通人的生活提供更加智能、高效的服务。

普通人，DeepSeek 能让我们以低廉的成本享受到高水平 AI 技术带来的便利，工作和生活也将因此变得更加高效便捷。无论是写作、编程、数据分析，还是日常生活中的问题咨询，DeepSeek 都能迅速提供专业的思考过程和解决方案。

DeepSeek 的爆火不仅是技术的竞争，更标志着全球 AI 发展的转变：当西方仍在追求"更大参数、更高算力"时，中国团队已找到了一条效率优先、普惠为本的 AI 进化新路径。AI 时代已经来临，而如何利用好 AI 是我们每个人必须要考虑的。

1.5 DeepSeek 与 ChatGPT

在人工智能技术快速发展的今天，大型语言模型正在改变我们的工作和生活方式。在这场变革中，DeepSeek 与 ChatGPT 作为两大代表性模型，展现出了不同的技术特性和应用优势。作为 AI 使用者，你可能还在为使用哪个 AI 而发愁。我将从核心能力与应用场景这两个维度，深入分析这两大模型的差异化特征，希望能给不同需求的用户提供相对可靠的选择依据。

1.5.1 核心能力对比

ChatGPT 的核心优势在于通过海量互联网数据的训练，构建了一个强大的通用对话系统。它就像一个知识渊博的"通才"，能轻松应对各类日常对话。这种开放域的对话能力让它成为大众喜爱的聊天伙伴。但在需要专业分析的场景中，ChatGPT 的回答往往浮于表面，难以给出深度建议。

DeepSeek 则更像某个领域的"专家"。某半导体企业工程师曾测试过，当输入"芯片良品率提升方案"时，DeepSeek 不仅分析了原材料配比、参数等制造细节，还分析了全球12家代工厂的案例数据。这种专业能力源于其构建的专项知识图谱，就像给 AI 配备了行业"百科全书"。DeepSeek 在生物医药、金融、数学等领域都能准确贡献优质的答案，但在面对"帮我写首生日祝福诗"这类更偏向创意的需求时，它的回应就显得较为生硬和格式化。

1.5.2 应用场景对比

在中文场景下，DeepSeek 具有十分明显的本土优势。它不仅能理解各类中文术语的专业含义，还能精准识别各种中文方言，覆盖吴语、闽南语、粤语等8种汉语方言，识别准确率超85%。测试数据显示，其对中文语义的理解准确率达到 92.7%，特别是在处理"红楼梦判词解析"这类古典文学问题时，能准确关联人物命运与诗词隐喻。

ChatGPT 则是多语言环境的"外交官"。ChatGPT 不仅支持 95 种语言的实时互译，系统甚至能自动区分说话人的口音差异。语音交互功能支持超过 50 种语言，还能较为准确地识别不同语言中的文化隐喻。语言种类覆盖面广，但在中文处理的流畅度方面不及 DeepSeek。

对于需要处理多语言内容的场景，目前 ChatGPT 的价值是无法替代的。ChatGPT 还具有"数据反馈"的功能，可以根据用户上传的数据不断学习，从而给出更符合特定需求的回答，可谓"越用越聪明"。

例如，某跨境旅游平台的技术负责人说，他们每天要处理英、法、德三种语言的客户咨询。而通过持续给 ChatGPT "投喂"行业术语和客户案例，系统现在不仅能准确翻译"行李延误险条款"，还能自动生成符合各国法律规范的回复模板。这种"越用越聪明"的特性，使其在多语言场景中更具成长性。

而注重专业性与数据安全的人更应该选择 DeepSeek，它并不会记录用户提交的数据，而是使用模型中已知的数据。其数据闭环设计确保使用者的重要信息不会外流，这对医疗、金融、科技等敏感行业至关重要。不过需要注意的是，用户无法通过"投喂"数据提升 AI 的专业能力，必须依赖官方更新的知识库。

1.5.3 明确需求，确定选择

选择 AI 助手就像挑选工作伙伴：ChatGPT 是精通多国语言的"国际秘书"，能快速应对各种开放需求；DeepSeek 则是持有专业的"行业顾问"，能在特定领域提供权威建议。如果你需要处理英文邮件、跨国会议等事务，ChatGPT 的实时翻译和学习能力不可或缺；如果是中文环境的专业服务，比如撰写金融分析报告、搭建医疗咨询系统，DeepSeek 的精准度和安全性更值得信赖。

理解了两者的核心差异，你就能找到最适合的智能助手。

1.6
Manus 震撼发布
——全球首款通用型智能体

2025年3月6日，整个AI圈都沸腾了，中国AI科技再一次震撼全世界。Manus是由Monica团队推出的全球首款通用型AI Agent。据官方介绍，Manus不仅会独立思考、规划和执行复杂任务，还能直接交付完整成果。Manus擅长工作和生活中的各种任务，在用户休息时完成所有事情。它颠覆了传统的"对话型AI"模式，不再是"你问AI答"，AI生成答案后还需要你自己进行整理。Manus拥有强大的工具调用能力，你在向它提出需求后，它能直接自主完成从任务规划到执行的全流程，如资料收集、数据分析、文件编写、内容创作等工作，可以一步步拆解并直接向你提交完成后的文件。换而言之，这是一款真正能帮你干活的AI，直接给你成品。

以Manus官方网站中放出的演示视频为例，通过实际应用向我们展示它的强大之处。

视频中传达的任务是：筛选简历。将一个包含10份简历的Zip压缩包发给Manus后，Manus会像人类一样，先解压压缩包，再逐个浏览每份简历，记录下文件中的重要信息。并且这些步骤都会反馈在页面中，你可以实时看到它的工作进度和处理方式。在执行任务过程中，你还可以随时给它新的指示。演示中，工作人员又上传了5份简历。在浏览了15份简历后，Manus提供了录用建议和简历评估文件。

通过上面的例子，你会发现 Manus 与 ChatGPT 等传统对话式 AI 有本质上的区别。它不是告诉你"应该怎么做"，而是直接把事情做好。你只需要提出自己的需求，它就可以在后台自主完成任务。这种"委托—交付"的模式代表着它是真正全能的 AI 智能助理，而不是聊天机器人。

目前，Manus 仍处于内测阶段，需要有邀请码才能使用。有一些拿到内测资格的使用者反馈了 Manus 的许多问题，团队在优化的道路上还有很长的路要走。

从 DeepSeek 到 Manus，中国造 AI 已经带给了全世界太多惊喜，AI 的时代已经彻底来临。正如拉丁谚语所言："Manus multae cor unum（众手一心）。"此刻，这双 AI 之手已推开未来之门，而门后的世界正等待我们与之共舞。

1.7
提问是人类独有的意识光辉

在强大的 AI 面前，在信息和记忆面前，人类的血肉之躯无法跟它强大的数据库和模型库相抗衡，但是我们的可贵之处不在于信息量和记忆，而在于意识，有主观能动性，有批判性和创新性。想通这一点，我们也就没有必要去刻意夸大 AI 的威胁。AI 是一个人人都能用的工具，关键就在于如何使用，打开这个工具的钥匙就是我们如何向 AI 提问，以收获一个高质量的回答。

不同的人使用 DeepSeek，感受和体验是不一样的，这很正常。因为 DeepSeek 回复的质量很大程度上取决于指令的质量，也就是提问的质量。

为什么呢？因为一个优质的指令可以让 DeepSeek 更好地理解你的需求，更好地执行任务，并精准地给出令人满意的回答。相反，一个不好的指令则可能让 DeepSeek 误解你的意图，正可谓"失之毫厘，谬以千里"。

正如 OpenAI 创始人所说："能够出色编写指令跟聊天机器人对话，是一项能令人惊艳的高杠杆技能。"这句话非常有道理，能否写好指令已经成为未来人才竞争力的分水岭。这就不难理解为什么有的人因为 AI 时代的到来而失业，有的人却被公司以百万的年薪来求取。

有了 AI 这样的工具，将会十倍、百倍地拉大会提问和不会提问的人之间的鸿沟。提问本身就是人类独有的意识光辉，是独有的能力。我们常常说：好问题比答案更重要。当你知道提什么问题的时候，答案就快水落石出了。问题的质量决定了提问者思维的层次、高度、境界和对问题本质的洞察；从一个人提的问题，就能判断出他在什么层次上；一个具有良好提问能力的人，通常具有较强的思维能力和解决问题能力。

人无法提出超出认知范围以外的问题，使用者的认知上限决定了 AI 的输出上限。正如爱因斯坦在《物理学的进化》里说："提出一个问题往往比解决一个问题更为重要，因为解决一个问题也许只是一个数学上或实验上的技巧问题。而提出新的问题、新的可能性，从新的角度看旧问题，却需要创造性的想象力，而且标志着科学的真正进步。"

人类之所以成为万物之灵，首先就在于会思考，本质就在于会发问，提问一次又一次地驱动着人类的内在认知，从而获得外在的发展和进步。所以在 AI 时代，我们要更加重视和训练自己提问题的能力。

1.7.1 常见的一些使用误区

AI 工具遵循一套自己独特的提问方式，但是在实际应用中，人们因为没有系统地训练过向 AI 提问，所以在开始使用这个工具的时候存在一些误区。

（1）过度期待和依赖 AI

人们往往会过度期待 AI 的智能水平，认为 AI 能够像人类一样理解复杂的语境、情感和含义。然而，大多数 AI 仍然是基于模式匹配和统计学习，其理解能力是有限的。

（2）语境理解不足

AI 可能无法准确理解某些复杂的语境，尤其涉及歧义、隐喻或文化背景的问题。人们需要在提问时尽量精准地交代，以免误解。

（3）不了解 AI 的能力范围

有时人们会将超出 AI 能力范围的问题交给 AI。例如，要求 AI 做情感判断、情绪表达、伦理决策或对未来事件的预测。

（4）过分信任

在某些情况下，人们可能会过分信任 AI 提供的答案，而不经过进一步的验证。但有的时候，它真的会"一本正经"地胡说八道。

（5）误认为 AI 是绝对权威

尽管 AI 可以提供大量的信息，但它并不是绝对权威。人们需要从多个来源获取信息，进行比较和分析，而不仅仅依赖于 AI 的回答。

（6）忽略对 AI 的训练和改进

人们可能只关注单次交互中的答案，而不注意通过与 AI 的交互来帮助 AI 学习和改进。持续的反馈、交互和喂养有助于提高 AI 的表现。

1.7.2　AI 万能提问公式

为了避免以上误区，向 AI 提问是要遵循一套自己独特的提问方式的，我经过总结和实践，提炼了一个万能的提问公式（这里以 DeepSeek 为例）：

AI 万能提问公式 = 角色设定 + 背景信息 + 任务目标 + 输出要求 + 输出规则

这个万能的提问公式就是指令公式，包含 5 个关键要素，分别是角色设定、背景信息、任务目标、输出要求和输出规则。

（1）角色设定

角色设定是指在输入指令时，通过给它假定一个角色，以赋予它相应的能力素质。具体来说，DeepSeek 从本质上讲是一个大语言模型。我们和 DeepSeek 交流的过程，本质上是在和背后的语言模型产生交互的过程。

不同的角色设定，会触发 DeepSeek 调用相对应的模型回复。这一点非常重要，DeepSeek 已经集成了人类历史上各领域无数个优秀大脑。在具体的问题中，如果角色设定得越靠近，就越能够精准代入角色，就像哆啦 A 梦的时空隧道，带你穿越时空去连接那个最能帮助你解决问题的大脑。

如果我想设计一个推广方案，就可以把 DeepSeek 设置成为一个资深的广告商。角色设定是这样的：我想让你充当广告商。你将创建一个活动来推广产品，此次主题是面向 18~30 岁的年轻人推广一种新型运动鞋的广告活动。

（2）背景信息

背景信息是指在输入指令时，提供相关的背景信息，让 AI 更好地理解上下文。

这是因为大语言模型本身是不具备记忆功能的。就好比你突然被拉去开会，但是会议信息什么都没有，在会上面对别人的提问和讨论，你一定会不知所以，一头雾水。

如果在开会前有人给了你一个会议介绍，里面详细列出了会议背景、会议目的、会议参与人员、会议流程、需要你做哪方面的发言，你就能更好地应对这个会议，在会议中有更高质量的发言，因为他给了你充足的上下文补充信息。

人类需要上下文，AI 同样也需要，而且相关性、准确性越高，对方越能给你精准的答复。这里就需要把上下文的背景信息都用指令来表达清楚，这样它就能给你更好的答案。

你想通过减糖开始健康的生活，希望向 AI 提关于减糖养生的问题。如果你能够给对方更多的背景信息，比如明确指定时间范围，像春节期间，这样它就会给你与该时间范围相关的信息和建议，是不是很贴心？

（3）任务目标

任务目标是指在输入指令的时候，要给 AI 布置一个明确的任务，设定一个具体清晰的目标，防止生成的结果有歧义且偏离主题。

如果你的任务目标指令越来越具体，有字数的要求，明确主题是什么、什么用途，就能够让 AI 给出贴合你的需求的答案，而不会出现所答非所问或者词不达意的情况。

举个例子，你可以这样设定任务目标：我现在正在写一份给 8~12 岁的小学生的报告，报告的主题是向学生们介绍什么是量子计算，请提供三种开头方式，要求符合学生们的理解程度，同时能够吸引他们继续专注地听下去。

（4）输出要求

输出要求是指在输入指令时，可以对 DeepSeek 提出更加具体的指示，如输出的格式、风格、表现形式等方面，以便它产出的内容符合你的输出要求。比如，你可以这样向 AI 提出输出要求：请帮我收集各大 AI 工具，并帮我生成表格。第一行，序号；第二行，AI 的类型；第三行，AI 工具；第四行，官网网址。

这样一来，它会给你输出一个有序的表格来，这总比给你一堆数据，让你找得头疼要强很多吧？

（5）输出规则

这是一种更加高级的指令，指在输入指令时提示 DeepSeek 按照你设定的规则和路径来输出。这样一来，要求就更加具体，结合已有的成熟的、公认的定律、规则、方法，如SMART原则、迪士尼策略、费曼学习法、二八法则、番茄工作法、SWOT分析法等。你是不是有种特殊定制的感觉!

好了，我们一起来开始学习吧!

2

高频的角色设定

2.1 导游

应用场景：

你要去一个地方旅游，希望能够有一个导游为你安排景点。

无效提问：

西藏拉萨市著名的旅游景点有哪些?

无效提问的回答（AI 回答）：

西藏拉萨市是中国西藏自治区的首府，拥有丰富的历史文化和壮丽的自然景观。以下是一些值得去旅游的景点：

布达拉宫：作为拉萨最著名的地标之一，布达拉宫是世界上海拔最高的古代宫殿，也是佛教圣地。它的壮丽建筑、丰富的文物和壁画吸引着众多游客。

大昭寺：位于布达拉宫附近，是藏传佛教最重要的寺庙之一。大昭寺以其宏伟的建筑和精美的壁画而闻名，每年吸引着无数的朝圣者和游客。

罗布林卡：位于拉萨市西郊。罗布林卡是一个宜人的地方，有花园、喷泉和湖泊，供游客休闲散步和放松。

色拉寺：位于拉萨市北部，是一座重要的藏传佛教寺庙。这座寺庙被誉为"拉萨三大寺庙"之一，以其壮丽的建筑和悠久的历史而闻名。

羊卓雍错：拉萨周边最著名的湖泊之一。湖水碧绿清澈，周围有雄伟的雪山环绕，是一个迷人的风景区，也是摄影爱好者的天堂。

哲蚌寺：位于拉萨市西郊，是藏传佛教格鲁派的重要寺庙之一。哲蚌寺以其宏伟的建筑和珍贵的佛教文物而闻名，同时还能看到壮观的拉萨市全景。

除了上述景点，拉萨还有许多其他的寺庙、古迹和自然景观，可以带给游客独特的体验和文化探索的机会。请注意，由于西藏地理位置特殊，旅行前最好了解并遵守当地的旅游规定和政策。

有效提问：

假设你现在是一位资深的导游，而我在西藏拉萨市出差，还有三天时间可以在当地旅游。请以资深导游的身份，确保途经更多的景区。

您好！很高兴为您规划拉萨三日深度游行程。作为资深西藏地区导游，我会综合考虑海拔适应、文化体验和景观多样性，为您设计一条兼顾经典景点与特色体验的路线：

第一天：圣城文化核心圈

上午：布达拉宫（建议 8:30 首批入场，需提前 1 天官网预约）
登顶红宫白殿，重点观赏五世达赖灵塔、法王洞壁画

药王山观景台拍摄50元人民币同款全景（游览后前往）

午餐：八廓街玛吉阿米藏餐厅（体验改良藏餐）

下午：大昭寺（请顺时针转经后进入，重点朝拜释迦牟尼12岁等身像）

八廓街深度游：藏装写真拍摄（推荐云藏文化体验馆），藏香、唐卡手作体验

傍晚：宗角禄康公园（布宫倒影拍摄、观本地人跳锅庄）

晚餐：雪域餐厅（牦牛肉藏包、酥油茶）

第二天：藏传佛教朝圣之旅

清晨：哲蚌寺（拉萨最大寺院，建议7:30抵达观晨雾中的辩经场）

重点：强巴佛殿、甘丹颇章政教历史陈列

上午：色拉寺（10:00抵达观看僧侣辩经，注意保持静默）

午餐：扎西颇章藏家宴（体验贵族家庭菜）

下午：罗布林卡（历代达赖夏宫，推荐参观新宫金色颇章）

西藏博物馆新馆（系统了解藏地历史，16:30前入场）

傍晚：文成公主实景剧场（20:30开演，提前备好保暖衣物）

第三天：圣湖冰川秘境行

全天包车：羊卓雍错深度环湖（建议7:00出发）

岗巴拉山口（海拔4998米全景拍摄点）

日托寺半岛（世界最高孤独寺庙，需徒步20分钟）

扎马龙观景台（俯瞰羊卓雍错S形水道）

途中体验：浪卡子县藏民家访（酥油茶制作、牦牛绒编织观摩）

返程特别安排：扎基寺（拉萨唯一财神庙）

饯别晚宴：平措康桑观景餐厅（布宫夜景佐藏式火锅）

高原旅行贴士：

1. 全程备好氧气瓶、葡萄糖。

2. 寺庙禁短裙、戴帽、踩门槛，提前兑换1角纸币供灯。

3. 羊卓雍错日温差达 15℃，需携带抓绒衣、防风帽。

4. 建议租用藏袍（约 50 元 / 天）既保暖又出片。

这个行程覆盖 6 处世界文化遗产、3 种自然景观类型，特别安排 2 项非遗体验，每日车程控制在 3 小时内。如需调整强度或增加餐饮选项，可随时告知。扎西德勒！

总结：

如果你设定一个导游的角色，AI 的回答明显更有针对性、更加细致。提问者给出更多的信息时（如时间），AI 的回答会更符合提问者的实际情况。

2.2

广告商

应用场景：

你需要设计一个新型运动鞋的广告活动时，可以让 AI 为你设计方案。

无效提问：

请帮我设计一个针对 18~30 岁的年轻人的一种新型运动鞋广告活动。

无效提问的回答（AI 回答）：

设计一种新型运动鞋的广告活动时，考虑到目标受众为 18~30 岁的年轻人，以下是一个广告活动的设计方案：

主题和口号：选择一个引人注目且与年轻人相关的主题，例如自由、勇气、创新或个性。制定一个简洁、有力的口号，能够激发年轻人对品牌和产品的兴趣。

故事情节：创建一个有趣的故事情节，将年轻人与运动鞋联系起来。这可以是一个关于追逐梦想、突破极限或团队合作的故事，以激发年轻人的热情和动力。

视觉效果：运用鲜明的颜色和动态的图像，使广告活动具有视觉冲击力。展示运动鞋的设计细节和技术特点，通过慢动作或独特的拍摄角度突出产品的优势。

品牌代言人或合作伙伴：考虑邀请一位受年轻人欢迎的明星或运动员作为品牌代言人或合作伙伴，增加广告活动的吸引力和影响力。

创意互动：利用社交媒体和线上互动，设计创意的挑战或活动，鼓励年轻人参与品牌互动，例如舞蹈比赛、自拍挑战或故事分享。

用户生成内容：鼓励年轻人分享他们与运动鞋相关的故事、照片或视频，并提供相应的标签和主题，以便在社交媒体上扩散和展示。

体验式活动：组织一系列线下或线上的体验式活动，例如户外健身活动、球赛或音乐派对，让年轻人亲身感受到运动鞋的舒适性和功能性。

数字营销：利用数字媒体广告、社交媒体推广、影片短片或视频广告等渠道，将广告活动传播给更广泛的年轻受众。

社会责任：强调品牌的社会责任感，例如环保、公益慈善等方面的举措，吸引年轻人对品牌的认同感和支持度。

限时优惠和奖励：提供限时优惠、特别款式或奖励计划，鼓励年轻人尽早购买运动鞋，并分享他们的购买体验。

通过以上的设计方案，你可以创建一个吸引年轻人的新型运动鞋广告活动，同时也要确保与品牌的形象和价值观保持一致。记住，要创造有趣、激励和引人注目的内容，以吸引年轻人的关注和参与。

有效提问：

我想让你充当广告商。你将创建一个活动来推广产品，此次主题是：面向 18~30 岁的年轻人推广一种新型运动鞋的广告活动。

要求：你将选择目标受众，提出关键信息和口号，选择宣传媒体渠道，并决定实现目标所需的任何其他活动。

有效提问的回答（AI 回答）：

广告活动策划：新型运动鞋推广计划

一、目标受众

核心人群：18~30 岁的城市青年，注重时尚与功能性的平衡，追求个性化表达，活跃于社交媒体。

细分画像：学生群体（18~24 岁）：预算有限但热衷潮流，关注性价比和品牌故事。

年轻职场人（25~30 岁）：追求高品质与舒适度，愿意为科技感与可持续理念买单。

运动爱好者：日常健身、跑步或街头文化爱好者，重视鞋款的性能与设计。

二、核心卖点与关键信息

1. 产品差异化

轻量科技：超轻材料减少运动负担，适合全天候穿着。

智能缓震：动态支撑技术适应不同运动场景（跑步、训练、日常穿搭）。

环保理念：鞋面采用 30% 再生材料，包装可回收。

定制化设计：提供模块化配件（可更换鞋带、鞋垫），支持个性化搭配。

2. 情感共鸣

口号：突破极限，步履无界。

主题：鼓励年轻人打破常规，探索多元生活方式（运动、社交、自我表达）。

三、宣传渠道与策略

1. 数字媒体

短视频平台：与运动、时尚类 KOL（关键意见领袖）合作，发布"极限挑战"创意内容（如"完成 24 小时城市探索"）。

发起挑战赛，鼓励用户分享创意运动视频，赢取限量款鞋子。

社交媒体广告：精准投放，利用动态广告展示产品在不同场景的应用（健身房、街头、音乐节）。

直播带货：联合头部主播或运动达人直播测评，突出科技细节与试穿体验。

2. 线下体验

快闪店：在核心城市商圈设立体验空间，提供试穿、定制工坊、迷你障碍赛互动。

参与者可生成专属"运动数据海报"并分享至社交平台。

校园、音乐节合作：赞助大学运动赛事或音乐节，设置"能量补给站"并派发体验券。

3. 跨界联名

与街头潮牌或电竞战队推出联名款，吸引亚文化圈层关注。

四、配套活动

预售造势：提前开放"早鸟预订"，赠送限量配件（如限定款鞋带）。

用户故事征集：邀请消费者分享"突破自我"的真实故事，优质内容可登上品牌官网与户外广告。

可持续行动：推出"以旧换新"计划，旧鞋回收后可兑换折扣券，强化环保形象。

五、预期效果与评估

短期目标：3个月内实现社交媒体曝光量500万次以上，快闪店引流10万人次。

长期目标：建立运动鞋品牌，抢占市场份额。

数据追踪：通过UTM链接、扫码互动率、电商转化率实时优化投放策略。

海报主视觉：夜晚城市背景中，年轻人越过霓虹灯障碍。

短视频脚本：镜头从鞋底智能缓震特写切换至主角跨过不同地形（楼梯、沙滩、跑道），结尾定格品牌logo与口号。

总结：

当你泛泛地向AI提出设计广告活动时，它的回答比较大众化、不具体，并且不具有可操作性。但当你让它模拟广告商的角色，并且给出具体要求时，它给出的答案是直接能用的，而且还不止一个，更加具有实操性和实用性。

2.3 记者

应用场景：

你需要写相关报道文章时，可以让AI先模拟你的身份写一篇作为参考。

无效提问：

请帮我写一篇关于世界主要城市空气污染的文章。

无效提问的回答（AI 回答）：

标题

世界主要城市的空气污染问题：挑战与解决方案

导言

空气污染是全球面临的一大环境挑战，尤其在世界主要城市中，这一问题变得尤为突出。本文将探讨世界主要城市面临的空气污染问题，分析其影响，并提出一些解决方案以改善空气质量。

空气污染的影响

健康问题：空气污染直接威胁人们的健康，导致呼吸系统疾病、心血管疾病增加。

环境破坏：空气污染对自然环境造成损害，影响生态系统的平衡，损害植物和动物的生存条件。

经济损失：空气污染导致劳动生产率下降、医疗费用增加，对经济发展造成负面影响。

主要城市的空气污染问题

新德里：面临持续的雾霾问题，汽车尾气排放、工业废气和露天焚烧是主要污染源。

伦敦：虽然近年来空气质量得到改善，但仍然面临 NO_2（二氧化氮）和颗粒物污染的挑战，主要来自汽车尾气排放和建筑工地。

洛杉矶：交通拥堵导致汽车尾气排放增加，是城市空气污染的主要原因之一。

解决方案

制定严格的环境法规：建立和实施空气质量标准，限制工业排放和汽车尾气排放，并加强对污染企业的监管。

推广清洁能源：鼓励可再生能源的使用，减少对化石燃料的依赖，减少燃煤和柴油车辆的使用。

发展可持续交通：提供更多的公共交通选择，如鼓励步行、骑自行车和使用电动汽车，减少汽车污染。

加强国际合作：各国城市间应分享经验和最佳实践，共同努力解决全球空气污染问题。

结论

世界主要城市的空气污染问题对人类健康、环境和经济都带来了严重影响。然而，通过采取严格的法规、推广清洁能源、发展可持续交通及加强国际合作，我们可以共同努力改善空气质量，创造更健康、可持续的城市环境。每个人都有责任参与到改善空气质量的行动中，为我们的子孙后代创造更美好的未来。

有效提问：

我想让你做一名记者。要求：你将报道一则突发新闻，撰写专题报道和评论文章，开发用于验证信息和发现来源的研究技术，遵守新闻道德，并以你自己独特的风格提供准确的报道。主题：写一篇关于世界主要城市空气污染的文章。

有效提问的回答（AI 回答）：

标题

专题报道 | 窒息的城市：全球空气污染危机下的生存挑战

报道

清晨 6 点，印度德里的上班族阿米塔·辛格戴上 N95 口罩，望向窗外模糊的天际线。此时，这座城市的 PM2.5 浓度已飙升至世界卫生组织（WHO）安全限值的 20 倍。她的 3 岁儿子因哮喘反复发作，过去一个月三次入院。

这不是个例。根据 IQAir 最新数据，2023 年全球空气最差的 10 个城市中，亚洲占 9 席，德里、达卡、拉合尔长期霸榜，而雅加达、首尔等新兴超大城市首次进入前 30 名。即使以"蓝天"著称的巴黎，今年 1 月因跨境沙尘暴导致 PM10 浓度超标 4 倍，触发欧盟紧急警报。

空气污染的主要原因包括工业排放、汽车尾气、燃煤和露天焚烧等。城市化的快速发展，车辆数量的增加、工业化进程的加快以及能源消耗的增加，导致了空气污染问题的恶化。

在应对空气污染挑战方面，各国政府采取了一系列措施。制定环境法规、推广清洁能源、改善交通系统、推动可持续发展等是其中的重要举措。然而，解决空气污染问题需要全球范围内的合作和协调，各国需要分享经验和最佳实践，共同努力应对这一全球性挑战。

评论

世界主要城市面临的空气污染问题不容忽视，它给人类健康和环境带来了严重威胁。尽管许多城市已经采取了行动，但问题仍然十分严峻，需要更加努力。

空气污染不仅是一个环境问题，更是一个公共健康问题。政府和社会各界应该共同努力，加大对空气质量的监测和改善力度。同时，公众也要认识到自己的责任，通过减少个人汽车使用、推广清洁能源和支持可持续交通等方式，积极参与改善空气质量的行动。

在这个数字化时代，技术的发展为我们提供了更多的手段来验证信息来源。研究人员和科技公司在开发各种工具和技术，如 AI、大数据分析和传感器网络，用于监测和评估空气质量。这些技术的应用将有助于提供准确的数据和信息，帮助政府和公众更好地了解并应对空气污染问题。

面对如此严峻的挑战，我们不能坐视不管。每一位公民都应当意识到自己的责任，无论是选择绿色出行，还是参与环保行动，都是我们共同肩负的责任。只有全球各国携手合作，采取更有效的政策措施，才能够彻底改变这一现状，确保地球上的每一口空气都能让我们安心呼吸。

总结：

同样是围绕着"世界主要城市空气污染"的主题写文章，后面的提问中增加了记者身份，在报道的结构上、引用权威机构的统计数据上、观点鲜明度上都更胜一筹。文章涵盖了全球多个主要城市的空气污染问题，涉及不同地区的空气质量状况。这些数据为讨论提供了事实依据，使文章更具说服力。

2.4 励志教练

应用场景：

暑假来了，你希望 AI 帮你制订一个暑假学习计划。

无效提问：

我需要你帮我制订一个暑假学习计划。

无效提问的回答（AI 回答）：

我可以帮助您制订一个暑假学习计划。以下是一个通用的模板，您可以根据自己的兴趣和目标进行调整：

确定学习目标：明确您想要在暑假期间实现的学习目标，可以是学习一门新的技能、提高学习成绩、准备考试，或者深入研究一个特定的主题。

制定时间表：根据您的学习目标，制定一个详细的时间表，包括每天、每周的学习计划。合理分配时间，确保既有时间用于学习，又有时间用于休息和娱乐。

学习资源：确定您需要的学习资源，如教科书、参考书籍、在线课程、学习平台等。确保您在开始学习之前准备好这些资源，以充分利用您的学习时间。

学习方法：选择适合自己的学习方法，可能包括制订学习计划、记录笔记、制作复习卡片、参加讨论小组或寻求导师指导等。不同的人有不同的学习风格，找到适合自己的方法可以提高学习效果。

持续反馈和调整：定期回顾和评估您的学习计划，看看是否达到了预期的目标。根据需要进行调整，适应新的学习需求和挑战。

平衡学习与休闲：虽然学习很重要，但也要确保给自己足够的休息和娱乐时间。制订一个合理的学习计划，安排一些放松时间和娱乐活动，保持身心健康。

持续学习的动力：保持对学习的积极动力，可以设定小目标、奖励自己、寻求学习伙伴或他人的支持和鼓励。

记住，制订学习计划是为了帮助您更好地分配时间和资源，实现自己的学习目标。灵活性也很重要，随时根据需要进行调整。祝您在暑假期间取得学习上的成功！

有效提问：

暑假来了，我希望你充当激励教练。我将在暑假结束前参加雅思考试，请你帮助我制定实现目标的策略。这可能涉及提供积极的肯定、提供有用的建议及可以采取哪些行动来实现最终目标。

有效提问的回答（AI回答）：

作为你的激励教练，我先要祝贺你为即将到来的雅思考试设定了一个明确的目标。这是一个很好的开始，因为目标明确可以促使你集中精力并持续前进。现在，我们来制定一些策略，帮助你保持学习纪律，为雅思考试做好充分的准备。

你主动寻求帮助制定备考策略，已经迈出了成功的第一步！以下是为你量身定制的多维行动方案，结合心理学原理和雅思备考规律，我们分三步推进：

1. 神经锚定启动法（每日 5 分钟）

在书桌摆放代表目标院校的物件（如校徽图片）。
每次学习前用特定动作启动（如轻敲桌面三下、深呼吸）。
播放固定背景音乐（推荐 α 波频率的纯音乐）。
搭配心理暗示语："此刻的学习正在缩短我与梦想的距离。"

2. 三维时间管理系统

战略层：将备考拆解为"筑基期（115 天）→攻坚期（1630 天）→冲刺期（3145 天）"。

战术层：采用 90 分钟黄金学习单元（前 15 分钟复习 / 后 15 分钟预习）。

执行层：使用"番茄工作法 + 任务棋盘"（每完成 4 个番茄钟移动任务卡）。

3. 动态反馈机制

每周日进行"3D 复盘"。

总结：

暑假里，你希望 AI 充当你的励志教练，为你制订行动计划和策略，无效提问中内容模糊宽泛，而有效提问中内容精准、明确，因此 AI 回答的建议内容也发生了翻天覆地的变化。

2.5 演讲者

应用场景：

你马上要去参加一场主题是"激励大家永不放弃"的演讲。

无效提问：

请帮我写一篇激励大家永不放弃的演讲稿。

无效提问的回答（AI 回答）：

尊敬的各位听众：

今天，我站在这里，与你们分享一种无坚不摧的力量，那就是永不放弃的精神。在生活中，我们经历了许多挫折和困难，但只要坚持下去，不放弃，我们就能战胜一切。

生活中的困难是难免的，它们会考验我们的意志和毅力。当我们面临挫折时，我们不能屈服于它们；相反，我们应该看到挫折是成长和学习的机会。每一次失败都是通向成功的必经之路，只要我们勇敢地迈出下一步，永不放弃，我们就会逐渐接近目标。

历史上有许多伟大的人物展现了永不放弃的精神。他们面对种种困难和逆境，从未退缩。正是因为坚持，他们才能够取得卓越的成就，改变世界。

回想一下，当我们感到无望时，当我们几乎到达极限时，那个微小而坚定的声音在内心深处激励着我们。它告诉我们，我们有能力战胜困难，实现梦想。只要相信自己，坚持努力，我们就能够超越自己，创造奇迹。

因此，我呼吁大家，无论遇到什么样的挑战和逆境，不要放弃。相信自己的能力，相信自己的潜力。不要让失败击垮你，而是将其视为迈向成功的台阶。坚持不懈，不断努力，你一定会取得你所渴望的成就。

记住，永不放弃并不意味着不会失败。失败是成功的一部分，它让我们更加坚强。我们在人生的道路上遇到障碍时，不要退缩，不要畏惧，相信自己的能力，继续前行。

在结束时，我们要牢记这句话："我决不放弃！"让这句话成为我们每个人的座右铭，激励我们在生活中永不放弃，追求自己的梦想。

谢谢大家！让我们一起勇敢地面对挑战，坚持不懈地追求我们的目标，创造更美好的未来！

有效提问：

我希望你充当励志演说家，以永不放弃为主题写一篇演讲稿。通过励志的言语让人们感受到力量和信心，并且给出三个实操的要点，确保内容能引起听众的共鸣，激励他们努力实现自己的目标并争取更好的可能性。火种不熄，终成燎原之势。

有效提问的回答（AI回答）：

尊敬的各位朋友：

今天，我想和大家谈谈一个最简单的真理——所有伟大的胜利都始于拒绝躺下的那一刻。

想象一片漆黑的夜空，突然亮起一簇微弱的火苗。狂风呼啸着想要扑灭它，但火苗颤抖着、蜷缩着、挣扎着，最终迸发出更耀眼的光。这簇火，像不像我们每个人面对困境时的样子？人生不是看谁先跌倒，而是看谁在泥泞中站起来时，手里还紧握着希望。

我曾见证一位单亲母亲，白天在超市理货，深夜自学编程，三年后带领团队开发出改变行业的软件；我认识一位失去双腿的运动员，用双手"跑"完了 42 公里马拉松。他们的故事里没有奇迹，只有同一个答案：当全世界说"不可能"时，他们选择把"不"字去掉，只留下"可能"。

但坚持不是盲目硬扛。今天，我要送给各位三把钥匙，让"永不放弃"成为可落地的行动：

第一，把终点拆解成驿站。

登顶珠峰的人不会盯着 8848 米出发，而是在每个营地补充氧气、调整路线。将大目标切成"100 天计划""每周里程碑"，每完成一步就给自己一个仪式感的奖励——一杯咖啡、一首歌、一次短途旅行。胜利是一连串小赢的叠加，而非一蹴而就的豪赌。

第二，给痛苦重新命名。

神经科学证明，当我们把"我必须忍受"转化为"我选择成长"时，大脑会从抵抗模式切换到创造模式。下次加班到深夜时，试着说"我在为自己的梦想加冕"；被客户拒绝时，告诉自己"这扇门关上，是为了让我找到更对的钥匙"。语言是思维的雕刻刀，重塑叙事，就能重塑命运。

第三，建立"不放弃生态系统"。

找到你的"三人军团"：一位导师指引方向，一位战友并肩作战，一位见证者记录你的进步。更重要的是，成为别人的光——每周帮助一个陌生人，你会发现自己远比想象中强大。坚持从来不是孤独的旅程，而是能量的传递与共振。

朋友们，钻石形成需要地下 160 公里的高压，蝴蝶破茧前要经历上万次挣扎。此刻你承受的重量，正在雕刻你未来的高度。

最后，请记住："放弃"这个选项，永远出现在最接近突破的时刻。当你想放手时，再坚持 24 小时；当你想认输时，多问一句："如果奇迹就在明天呢？"

愿我们如沙漠中的骆驼刺，根系比枝干长 10 倍，在绝望之地活成绿洲；愿我们如量子纠缠中的粒子，即使相隔光年，仍为彼此闪烁。因为——你坚持的每一个今天都在改写世界的明天。

朋友们，无论你们当前的处境如何，无论遇到多少次的失败和挫折，请记住永不放弃。相信自己的能力，坚守自己的梦想。在困难面前，挺起胸膛，勇往直前。不管前方的道路多么坎坷，只要我们坚持不懈，终将到达成功的彼岸。

谢谢各位！让我们一起激发内心的力量，相信自己的潜力，坚持不懈地追逐自己的梦想，永不放弃，努力实现自己的目标，创造更美好的未来！

总结：

当你需要一篇演讲稿时，你给 AI 一个演讲者的身份，并且对它有一定的要求，比如说以"永不放弃"为主题，给出"三把钥匙"。这样 AI 给出的演讲稿不仅高昂激情，而且实操落地，让听众听了不仅有情绪的起伏，还有有用的要点可以记住。相比第一篇 AI 输出的演讲稿，更加生动、实用。

2.6
数学老师

应用场景：

你是一位小学数学老师，一个 8 岁孩子问你什么是微积分。

无效提问：

什么是微积分？

无效提问的回答（AI 回答）：

微积分是数学中研究函数变化的学科。它被广泛地应用于物理学、经济学和工程学等领域。

有效提问：

你是一位小学数学老师，一个 8 岁孩子问你：什么是微积分？为了激发孩子对数学的兴趣，可以举个例子来说明微积分是什么吗？

有效提问的回答（AI 回答）：

我来用冰淇淋举个有趣的例子吧！

想象你有一个圆圆的冰淇淋甜筒，妈妈每次给你加冰淇淋时都堆成小山。但冰淇淋会慢慢融化，小山越来越矮。这时候，微积分就可以展现出神奇的数学超能力！

1. 积分超能力（算总量）

你想知道这座冰淇淋山一共用了多少奶油？但小山是弯弯曲曲的，怎么办？

你可以把小山切成很多薄薄的圆片（像叠硬币），算出每片的体积，再全部加起来。这就是积分——把复杂形状拆成小碎片，再合起来算总数。

2. 微分超能力（算变化）

你发现冰淇淋每分钟都在融化，但融化速度时快时慢。

这时，用微分就能算出某一瞬间冰淇淋变矮的速度有多快。比如第3分钟，山顶突然塌了一点，微分就像数学放大镜，抓住那个瞬间的变化。

互动提问：

"如果冰淇淋山变成了火山形状，你觉得该怎么算它的奶油量呢？或者，如果冰淇淋突然被小狗舔了一口，微分能算出它变小的速度吗？"

让孩子自由想象，微积分就是解决问题的数学魔法！

总结：

无效提问中"什么是微积分？"这个问题过于抽象，没有考虑到受众（8岁孩子）的年龄和理解能力，孩子很难理解所给的回答。相比之下，有效提问中给定了8岁孩子这个身份设定，并通过冰激凌的例子激发孩子对微积分的兴趣。这样的提问让回答更具亲和力，确保答案符合他们的认知水平和兴趣点，能够激发他们的好奇心并提升学习效果。

2.7 面试官

应用场景：

你担任面试官，我是候选人，你将向我询问有关该职位的面试问题。

无效提问：

我马上要去面试，有什么用人单位常用的面试题目吗？

无效提问的回答（AI 回答）：

当然，这里有一些用人单位常用的面试题目，希望能帮助你。

请介绍一下自己。

你为什么对这个职位感兴趣？

你在过去的工作中承担了哪些职责和角色？

你最大的优点是什么？你的缺点是什么？

你如何解决工作中的挑战和困难？

你在团队合作中的角色是什么？可以举个例子吗？

你如何处理紧急情况和压力？

你对我们公司的了解有多少？

你有什么特别的技能或者经验，能给我们公司带来什么？

你最近遇到的一个工作上的挑战是什么，你是如何应对的？

你如何管理时间和任务？

你对自己的职业发展有什么规划？

你为什么离开（或计划离开）目前的单位？

你有什么问题要问我们？

这些问题涵盖了个人介绍、职业经历、技能、团队合作、挑战应对及对公司的了解等方面。准备这些问题的答案，可以帮助你在面试中更好地展示自己的能力和适应性。记住，在回答问题时，用具体的例子来支持你的回答，并展现出你的积极态度和适应能力。祝你面试顺利！

有效提问：

我想让你担任面试官，我扮演候选人，你分次向我问出关于营销岗位的面试问题，不要一次性问出所有的问题，我希望模拟真实的面试效果。请给出5个问题和5个优质的回答。

有效提问的回答（AI回答）：

现在开始模拟面试。我将依次提出5个营销岗位的常见面试问题，并附上优质回答范例供你参考。请先思考自己的答案，再看范例对比思路。现在开始第一个问题：

问题 1：请分享一个你成功策划并落地的营销案例，说明你的核心策略、执行过程及最终效果。

范例：

"我在上一家公司负责了某新品智能手表的上市推广。核心策略是通过 KOL 种草与限时体验活动打造口碑效应。最终新品首月销量超预期 35%，活动相关内容在社交平台获得 120 万次曝光，ROI 达到 1:4.6。关键点在于将产品强续航的特点与'不间断记录生活'场景深度绑定。"

问题 2：当预算有限时，你会如何选择优先级最高的营销渠道？

范例：

"假设推广一款单价较高的母婴产品，我会优先选择微信社群与短视频组合。原因有三：首先，通过母婴垂直社群进行精准渗透，利用 KOC 的真实体验分享建立信任；其次，在抖音通过'场景痛点+解决方案'的 15 秒短视频快速传递核心卖点，比如演示单手开合奶粉罐的便利性；最后，设置私域引流路径，用免费育儿手册作为诱饵沉淀用户。这样既能保证转化效率，又能积累可复用的用户资产，比广撒网式的投放更具成本效益。"

问题 3：如果产品销量连续三个月下滑，你作为营销负责人，会如何分析问题和制定应对方案？

范例：

"我会通过数据诊断用户核心要求，调整策略：拆解 GA 数据，看是流量下降还是转化率降低。假设发现自然搜索流量减少 30%，而竞品同期加大了 SEO 投入；用户调研则显示新客对产品差异化认知不足。应对措施包括：①针对 TOP 流失关键词优化落地页，加入对比竞品的参数可视化图表；②启动老客召回计划，设计'以旧换新

+ 专属客服'增值服务；③在小红书发起'隐藏功能挖掘大赛'，用 UGC 内容补充搜索关键词库。曾在某家电品牌通过类似组合策略，六周内实现搜索流量回升。"

问题 4：如何评估一场社交媒体营销活动的真实效果？

范例：

"除常规的 CTR、ROI 外，我会重点关注：① 内容再创作率：用户自发二创内容占比，反映真正的传播势能；② 语义分析情绪值：通过 NLP 工具分析评论情感倾向；③ 员工参与度：内部员工在私人社交账号的主动转发率，既能测试内容感染力，也能激活私域流量。"

问题 5：描述一次你通过数据发现市场机会并成功转化的经历。

范例：

"分析电商后台数据时，发现某款厨房收纳盒的'差评关键词'中 38% 提到'适合小户型'，但产品页从未强调这点。立即组织用户访谈，确认租房群体对空间利用率有强烈需求。两周内完成卖点重塑：主图增加'1 ㎡空间扩容术'标签，在抖音发起蜗居改造挑战。调整后，该单品转化率从 1.2% 提升至 3.8%，成功开辟新的细分市场。"

请先尝试用自己的经验回答这些问题，后续如果需要深度解析某个问题的回答技巧或更多模拟问题，可以随时告诉我。真实的面试中，面试官可能会根据你的回答进行追问，要注意准备好案例细节和数据支撑。

总结：

普通的提问只能让 AI 像个升级版的百度搜索引擎，但是不要忘了 AI 是大型的语言处理模型，它的功能绝非搜索信息。所以，在面试这个场景，我们可以让 AI 扮演面试官，与你进行多次交互式模拟面试问答。每个问题的 AI 回答都包含了具体的数字和数据支持,这些数据能帮助面试官清晰了解项目的成功程度和实际效果,避免了空泛的说辞。

2.8 职业顾问

应用场景:

当你向 AI 咨询职业发展的建议时。

无效提问:

针对 IT 领域 35 岁以上的职场人,我应该给他们怎样的职业建议?

无效提问的回答(AI 回答):

给 IT 领域的职场人士(特别是 35 岁以上)提供职业建议时,可以考虑以下几点:

持续学习和适应变化:IT 领域发展迅速,技术更新换代较快。建议他们保持学习的状态,持续关注新技术、新趋势,并积极学习和适应变化;通过参加培训课程、在线学习、参与开源项目或加入专业社区等方式，不断提升自己的技术能力。

寻求专业认证和资质：IT 的认证和资质对职业发展非常有益。鼓励他们考取相关的行业认证，如 Cisco、Microsoft、AWS 等的认证，这不仅能够增加自身的竞争力，还可以展示自己的专业能力和经验。

扩展技能和领域：IT 有很多专业领域和技术方向，建议他们不仅要在自己擅长的领域深耕，还要尝试扩展技能和涉猎其他领域。这样可以增加自身的广度和灵活性，有助于适应不同的职业机会和发展路径。

建立专业网络和人际关系：人际关系在职业发展中起着重要的作用。鼓励他们积极参加行业会议、研讨会、社交活动等，与同行业的专业人士建立联系，并加入专业组织或社群。这样可以拓展人脉，获取职业机会和资源，并与其他人交流和分享经验。

寻求导师或职业指导人的帮助：对于大于 35 岁的职场人来说，有时可能需要一些指导和支持来应对职业转型或晋升的挑战。建议他们寻找合适的导师或职业指导人，从他们的经验中获得指导和建议，帮助他们制定职业规划并做出明智的决策。

重视工作与生活的平衡：IT 行业的工作往往具有高强度和高压力，建议他们重视工作与生活的平衡，合理安排时间和精力，保持身心健康。寻找自己的兴趣爱好、锻炼身体、与家人朋友保持联系等，有助于提升整体的幸福感和工作效能。

综上所述，给 IT 领域大于 35 岁的职场人的建议包括持续学习、寻求认证、扩展技能、建立人际关系、寻求指导和关注工作与生活的平衡。这些建议可以帮助他们保持竞争力、适应变化，并在职业生涯中取得长期的成功。

有效提问：

我想让你担任职业顾问。

这里有一位在 IT 行业工作了 10 年的男士,马上面临 35 岁的职业分水岭,请你根据他的技能、兴趣、工作经验,并结合当下行业的就业和发展趋势,给出适合他的职业发展建议。

有效提问的回答（AI 回答）：

对于一位在 IT 行业工作了 10 年的男士,35 岁是职业发展的关键节点。在这个阶段,既有相当的工作经验,又面临着不断变化的技术和行业需求。因此,结合他的技能、兴趣及行业趋势,以下是几条适合他的职业发展建议：

1. 技术深化与专业化

如果他在某个特定的技术领域积累了深厚的知识,比如云计算、大数据、人工智能、区块链、网络安全等,继续深入并精细化自己的专业能力是一个不错的选择。许多公司更愿意聘请拥有深度技术知识的专家来解决复杂的问题。

技术领导者角色：如果已经有一定的项目管理经验,可以向技术架构师或技术团队领导的方向发展,扮演技术决策者的角色。

2. 转型为管理角色

如果他更倾向于人际互动与团队管理,可以考虑逐步向管理岗位转型。35 岁是许多技术人员转型为技术管理者的关键时期。如果他已经具备了一定的团队合作与管理经验,那么提升领导力、团队管理、战略思维等能力,将有助于他迈向以下职位：

技术经理 / 研发经理：在技术团队中担任管理职位,带领团队进行项目的技术决策、资源调配等。

CTO（首席技术官）：对于一些有创业或更高目标的人员，可以考虑向 CTO 职位发展，这需要较强的战略眼光、领导力和跨部门沟通能力。

3. 拓展跨界技能

在当今多变的就业市场中，跨领域技能和多学科的能力越来越重要。结合 IT 与其他行业的知识，往往能带来巨大的竞争力。

业务与技术结合的角色：在某些技术驱动的公司，产品与技术之间的桥梁角色（如技术顾问、系统分析师等）非常重要，这种角色通常要求结合技术与业务的知识。

4. 继续深造与学习

虽然他已经有 10 年的行业经验，但随着技术的不断发展，保持学习和更新自己的知识库是必不可少的。可以考虑以下途径来进一步提升自己的竞争力：

获取行业认证：根据自己的兴趣选择一些有前景的行业认证，比如 AWS 认证、大数据认证、信息安全认证等。

攻读相关学位或学习课程：如果他想要进一步提升自己的领导力或业务能力，可以考虑攻读管理类硕士等学位，帮助提升自己的战略视野和管理能力。

5. 关注行业发展趋势

随着技术的不断发展，以下几个方向可能会成为未来几年内的主要趋势，提前关注这些趋势，将为他的职业发展提供更多机会：

人工智能与自动化：AI 与机器学习的快速发展推动各行各业的创新，学习相关技术并探索如何将 AI 应用到实际工作中，可能会带来巨大的职业机遇。

云计算与边缘计算：云计算已经成为 IT 行业的重要组成部分，边缘计算和混合云架构也在快速发展。这些领域将提供大量的技术岗位和创新机会。

结合他的经验与兴趣，35 岁是选择技术深化、管理转型或创业的关键时期。他可以根据自己对技术的热情和对未来发展的规划，选择继续提升某一技术方向，或是转型成为管理者、跨界人才。此外，继续学习和关注行业新趋势也是非常重要的。最关键的是，找到适合自己长远职业发展的方向，制定合理的职业规划，迈出下一步。

总结：

当你向 AI 咨询职业发展的建议时，如果是一般性的提问，它就会回答一些职业发展的要点，它们看起来有道理，但并不是实操落地的答案。而你给 AI 一个职业顾问的身份后，它的回答明显更加接地气，告诉你可以转型新型技术、创业、深化技术、转型管理岗等等。答案的实用度明显高了不止一个档次。

2.9
网页设计师

应用场景：

当你请求 AI 帮忙设计一个网页时。

无效提问：

请帮我设计一个销售化妆品的电子商务网站。

无效提问的回答（AI 回答）：

设计一个销售化妆品的电子商务网站时，有几个关键要点需要考虑。以下是一个简单的设计方案，可以帮助您构建电子商务网站。

品牌和用户体验：确定品牌定位和风格，确保网站的整体设计与品牌形象一致。创建直观、易于导航的用户界面，使用户能够轻松找到他们需要的产品。

商品展示和描述：为每个化妆产品提供清晰的高品质图片，并提供多个角度的展示。提供详细的产品描述，包括成分、用途、效果等，以帮助用户做出购买决策。

购物车和结账系统：设计简洁明了的购物车页面，用户可以查看和管理他们选择的产品。提供多种支付选项，并确保结账过程简单、安全。

用户评价和社交分享：允许用户在产品页面上留下评价和评论，增加产品的可信度和用户参考价值。集成社交分享功能，让用户方便地分享他们的购买体验和产品推荐。

个人化推荐和定制化：利用用户数据和购买历史，为用户提供个性化的产品推荐和建议。提供定制化选项，例如色彩匹配工具或皮肤类型测试，以帮助用户选择最适合的产品。

客户支持和售后服务：提供多种联系方式，如在线聊天、电子邮件或电话，以便用户咨询和解决问题。

制定清晰的退货和退款政策，确保用户在需要时能够方便地退换产品。

积分和促销活动：设计一个积分系统，鼓励用户购买并提供额外的奖励。定期进行促销活动，例如打折、满减或赠品，以吸引新客户并保留现有客户。

响应式设计和移动优化：确保网站具有响应式设计，能够在不同设备上提供一致的用户体验。优化移动端用户界面和功能，以满足越来越多的用户使用移动设备购物的需求。

最后，确保您遵守相关法律法规，包括数据保护和隐私政策，以保护用户的个人信息和购物安全。这只是一个简单的设计方案，您可以根据自己的需求、目标进行定制和扩展。

有效提问：

我想让你担任网页设计顾问。我将为你提供详细的信息，你帮我创建一个销售化妆品的电子商务网站。你的职责是设计最合适的界面功能，以增强用户体验，同时满足公司的业务目标。可以利用 UX/UI 设计原则、编码语言、网站开发工具等方面的知识，请以文字的形式为网页项目制订一个全面的计划。

有效提问的回答（AI 回答）：

作为网页设计顾问，我非常乐意为您提供创建销售化妆品的电子商务网站的帮助。以下是为化妆品电商网站设计的全流程开发计划，包含技术选型、功能模块和用户体验优化方案：

一、项目定位分析

1. 核心业务目标

提升转化率（目标 CTR > 3.5%）

建立品牌视觉识别系统（VIS）

实现跨设备响应式体验（移动端占比 > 65%）

用户留存率 > 40%（通过会员体系与内容营销）

2.用户画像与需求

核心用户：18~35 岁的女性，注重成分安全与个性化推荐。

次级用户：男性礼品购买者（需设置"礼物指南"板块）。

痛点需求：虚拟试妆、成分解析、肤质匹配和快速退换货。

二、信息架构设计

A[首页]>B[产品分类]

A>C[限时促销]

A>D[品牌故事]

B>E[面部护理]

B>F[彩妆]

B>G[工具仪器]

E>H[智能筛选系统]

H>I[肤质类型]

H>J[成分偏好]

H>K[价格区间]

三、核心技术方案

1.前端技术栈

框架：React+Next.js（SSR 优化 SEO）

状态管理：ReduxToolkit

AR 试妆：TensorFlow.js+MediaPipeFaceMesh

动画库：FramerMotion

性能优化：WebP 图片格式+IntersectionObserver 懒加载

2. 后端架构

微服务架构：Node.js+NestJS

数据库：PostgreSQL（关系型）+Redis（缓存）

搜索引擎：Elasticsearch（支持语义搜索）

支付网关：Stripe+PayPal+支付宝国际版

四、核心功能模块

虚拟试妆：WebGL 实现实时渲染，支持色号匹配算法。

成分分析器：NLP 解析 INCI 名称，关联 EWG 安全数据库。

肤质诊断：用户上传自拍和问卷数据，CNN 皮肤分析模型，生成个性化护肤方案。

直播购物：WebRTC 低延迟直播，实时弹幕互动。

智能推荐：协同过滤和知识图谱，基于用户行为与肤质数据。

五、视觉设计规范

主色：柔光粉（FFB7C5）加珍珠白

辅助色：莫兰迪色系（低饱和度渐变）

对比色：鎏金（用于 CTA 按钮）

总结：

在第一次提问中，AI 给出的答案是有几个关键要点需要考虑，有点纸上谈兵的感觉。而在第二次提问中，我们给它设定了一个网页设计顾问的身份，并且要求有最合适的界面功能、用户体验、设计原则、编码语言和网站开发工具等时，给出的设计计划和第一次回答的要点完全不一样，还加入了需求分析、用户画像、用户体验设计、品牌一致性等，专业度大幅提高。

2.10 会计师

应用场景：

当你向 AI 提问有关会计的事务时。

无效提问：

小型企业如何才能节约成本呢？

无效提问的回答（AI 回答）：

小型企业确保成本控制是非常重要的。以下是一些可以帮助您节约成本的建议：

优化运营效率：审查并改进业务流程，找到潜在的效率瓶颈并采取措施加以改善。自动化重复性任务，例如财务管理、库存管理和客户支持，以减少人力资源成本。培训员工，提高他们的技能和能力，使其能够更高效地完成工作任务。

控制人力成本：考虑灵活的人力资源模型，例如雇用兼职员工、外包某些任务或与合作伙伴共享资源。寻找合适的平衡点，确保团队规模与业务需求相匹配，避免过度招聘或裁员造成的额外成本。

节约办公开支：优化办公空间利用率，考虑共享办公空间或采用远程工作模式，减少租金和设备成本。节约能源消耗，例如通过使用节能灯具、调整温度和关闭不必要的设备来减少电费支出。

有效采购和供应链管理：与供应商建立长期合作伙伴关系，争取更有利的采购合同和价格优惠。定期审查供应链流程，寻找节约成本的机会，例如改进库存管理和物流流程。

数字化转型：利用技术工具和软件来提高业务效率，例如使用云存储、在线协作和数字营销工具。考虑建立电子商务平台，以降低销售和营销成本，并扩大市场覆盖面。

节约营销成本：注重目标市场和受众的定位，精确投放营销资源，避免广告和宣传费用浪费。利用社交媒体和数字营销渠道，以更低的成本实现更广泛的市场曝光。

谈判和采购策略：在与供应商和合作伙伴的谈判中寻求更有利的价格和账期。定期评估供应商和合作伙伴的绩效，并保持与他们的良好沟通，以确保稳定的合作关系。

请注意，每个企业的情况不同，因此您可能需要根据具体情况和业务需求进行调整和定制。定期评估成本和效益，并持续寻找改进和优化的机会，以确保持续的成本节约和业务发展。

有效提问：

我希望你担任会计师，并想出创造性的方法来管理财务，为小型企业制订一个专注于成本节约和长期投资的财务计划。在为客户制订财务计划时，你需要考虑预算、投资策略和风险管理。在某些情况下，你可能还需要提供有关税收法律法规的建议，以帮助他们实现利润最大化。

有效提问的回答（AI 回答）：

作为会计师，我非常乐意为小型企业制订一个专注于成本节约和长期投资的财务计划。以下是一些创造性的方法和策略，可帮助您管理财务并实现利润最大化：

1. 费用控制和成本节约

审查和优化业务流程，找到节约成本的机会，并采取相应的措施。

分析和比较不同供应商的价格和服务，以获取更具竞争力的采购合同。

考虑共享办公空间、设备和人力资源，以减少租金和人力成本。

2. 预算制定和监控

制订详细的预算计划，包括收入、支出和利润预测，并设定可量化的目标和指标。

监控实际财务绩效与预算的差距，并根据需要采取纠正措施。

3. 长期投资策略

评估不同的投资机会，并制定适合企业需求和风险承受能力的长期投资策略。

考虑投资于技术升级、人力资源培训和市场拓展等领域，以推动企业的长期发展。

4. 风险管理

识别和评估企业面临的财务风险及经营风险，并采取适当的风险管理措施，例如保险和合同条款的审查。

与专业人士合作，了解最新的税收法律法规，并为企业提供合规建议，以降低税务风险，实现利润最大化。

5. 绩效评估和数据分析

使用财务和业务数据分析工具，评估企业的绩效，并提供定量和定性的指标来衡量财务状况。

根据数据分析结果，制订优化策略和行动计划，以改进业务运营和财务状况。

请注意，每个小型企业的情况和目标都不同，所以要根据企业的具体需求制订财务计划。同时，及时监控和调整也是关键，以确保财务计划与业务发展保持一致并取得长期的成功。

总结：

我们给 AI 设计设定了一个会计师的角色，可以很明显地发现它制订了一个财务计划，并给出了方法和策略，相比第一次提问，AI 给出的回答更细致、更实用。

2.11 营养师

应用场景：

当你需要定制营养食谱时。

无效提问：

请给我推荐一份素食食谱。

无效提问的回答（AI回答）：

当然！以下是一份简单的素食食谱，供您参考。

早餐：燕麦果仁粥

将燕麦片加入开水中煮熟，加入适量的植物奶和蜂蜜或椰糖调味。撒上杏仁、蔓越莓和蓝莓，作为额外的坚果和水果补充。

午餐：墨西哥炸玉米饼

在热锅中加入橄榄油，放入玉米饼并煎至金黄色。加入黑豆、番茄丁、洋葱丁和切碎的生菜，作为馅料。撒上橄榄酱、辣椒酱和莎莎酱，搭配新鲜的牛油果和青柠檬汁。

晚餐：印度咖喱蔬菜

将洋葱、大蒜和姜切碎，炒至金黄色。加入切碎的土豆、胡萝卜、青豆和花椰菜,炒熟。加入咖喱粉、辣椒粉、孜然粉、番茄酱和椰奶,煮至蔬菜熟透。用香菜叶装饰,搭配香米或烤饼食用。

点心:水果沙拉

切割各种新鲜水果,如苹果、葡萄、草莓和橙子。撒上一些薄荷叶或挤上一些柠檬汁增添清新口感,可以加入一些蜂蜜或枫糖浆作为额外的甜味。

这只是一个简单的素食食谱示例,您可以根据个人口味、偏好进行调整和创新。确保食谱均衡、多样化,并满足您的营养需求。同时,建议咨询营养师,以获取更个性化的素食饮食建议。

有效提问:

作为一名营养师,我想让你设计一份素食食谱,大概含有 500 卡路里的热量,并且血糖指数较低。你能提供一个建议吗?

有效提问的回答(AI 回答):

当然!以下是一份素食食谱,大约含有 500 卡路里的热量,并且血糖指数较低。

早餐:燕麦粥和咖啡或茶

燕麦片(1/2 杯)加植物奶煮熟,加入少许蜂蜜和蓝莓。可以准备一杯热脱因咖啡或茶(不加糖)。

午餐:烤蔬菜沙拉和果汁

将切成块的红椒、茄子、西兰花和洋葱放在烤盘上,撒上少许橄榄油、盐和黑胡椒,烤至熟透。配以新鲜的绿叶蔬菜和一份低脂的沙拉酱。准备一杯新鲜果汁(无添加糖)。

下午小吃：沙拉配方能量球

将混合坚果、碎椰片、麦片、葡萄干、巧克力碎片和少许花生酱混合在一起，制成小球状，冷藏后食用。

晚餐：素食咖喱豆腐、蒸青菜和糙米饭

将豆腐切成块状，与洋葱、彩椒、豌豆和咖喱酱炒熟。蒸熟的西兰花、胡萝卜和豆芽，淋上少许酱油和芝麻。搭配一碗煮熟的糙米饭。

消夜：一杯杂果酸奶杯

在无糖酸奶中加入切碎的杂果（如草莓、蓝莓、杏仁和葡萄干）。

请注意，这只是一个示例素食食谱，具体的热量、血糖指数可能因使用的食材和配料的不同而有所变化。建议根据个人需求和偏好进行调整，并咨询专业营养师，以获取更个性化的建议。

总结：

当我们需要定制的营养食谱时，与其让 AI 随便推荐一份食谱，不如让它化身为营养师，设计一份有具体需求的食谱。在第二次的提问当中，我们设定了食谱：素食、500 卡路里热量、血糖指数较低，AI 给了我们早、午、晚餐及宵夜的建议，非常全面。

2.12
影评人

应用场景：

当你向 AI 询问有关某部电影的信息时。

无效提问：

你如何评价科幻电影《流浪地球》？

无效提问的回答（AI 回答）：

《流浪地球》是一部郭帆导演的中国科幻电影作品，改编自刘慈欣的同名小说。该电影自 2019 年上映以来，引发了广泛的讨论和关注。以下是我对这部电影的一些评价：

1. 科幻设定

《流浪地球》的故事设定在一个极为庞大的背景下，讲述了地球面临太阳即将熄灭的灾难时，全球人类联合起来启动"流浪地球"计划，借助巨大的推进器将地球从太阳系移送到一个新的星系。这种大尺度的设定和构思，带给观众一种前所未有的科幻体验。

2. 视觉效果

电影的视觉效果是该片的亮点之一。为了呈现一个未来灾难的全球场景，电影制作了大量特效镜头，包括地下城市、巨型推进器、冰封的地球等，都做得非常震撼。

3. 人物设定与情感表达

电影中虽然有许多宏大的场面，但也注重人物之间的情感线索。特别是主人公刘启和他祖父之间的亲情，贯穿全片。他们的互动展示了人类面对灭绝性灾难时展现的勇气、责任与牺牲精神。

4. 科技与人文结合

《流浪地球》不仅是一个纯粹的科幻故事，还结合了现实中的科技思考和人类的命运。电影中的许多科技概念（如推进器、核聚变能源等）虽然超越现实，但却有一定的科学依据。

5. 剧情与节奏

在剧情方面，《流浪地球》虽然整体结构紧凑，但也有一些地方显得略微牵强。例如，部分情节的推进比较依赖偶然事件，个别角色的行为动机可能不够充分，显得有些单薄。

结语

总体来说，《流浪地球》是一部视觉震撼、情感深刻、充满人文关怀的科幻电影。它打破了国内科幻电影长期被忽视的局面，成功地向世界展示了中国电影在科幻领域的潜力和突破。尽管在一些细节和情节上可能有待改进，但其宏大的构思和制作水准已足以让人印象深刻，是中国电影历史上的一次重要尝试。

有效提问：

请你以影评人的视角为电影《流浪地球》写一篇影评，从剧情、画面、特效、配乐等多个方面进行评价。

有效提问的回答（AI 回答）：

冰原上的文明火种：《流浪地球》的末日史诗与东方救赎

在 −84℃的北京 CBD 废墟中，冰晶包裹的国贸三期折射出诡异的蓝光。这座被冰封的巨型城市像一枚时空胶囊，封存着人类文明最后的倔强。郭帆导演的《流浪地球》用行星发动机的蓝色光柱刺破银河，将末日叙事从好莱坞式的英雄主义中解构，创作出一首带着东方集体主义基因的太空长诗。

1. 重工业美学的视觉革命

冰封的上海奥运大厦以 58 度倾角刺入冰层，电梯井中凝结的逃生者保持着奔跑姿态，这些被低温瞬间定格的末日图景极具视觉冲击力。影片中行星发动机的机械构造摒弃了西方科幻片惯用的流线型设计，采用重工业风格的铆接钢板与裸露管线，当 10000 座这样的钢铁巨塔同时喷发蓝色等离子体时，仿佛整个东亚工业文明的制造基因在宇宙中苏醒。

2. 集体主义叙事的弦外之音

从俄罗斯宇航员的氧气面罩到雅加达补给站的操作手册，细节处渗透着人类命运共同体的叙事肌理。在救援队穿越青岛断裂带的段落里，结冰的公交车内乘客们保持着生前的姿态，这些无名者的死亡雕塑，构成了文明火种传递的沉默注脚。

当地球拖着蓝色尾迹划过木星红斑时，这个充满诗意的长镜头不仅是对库布里克《2001 太空漫游》的致敬，更是中国科幻美学的独立宣言。冰原上燃烧的文明火种终将在浩瀚星海中找到新的坐标，而《流浪地球》留下的是重工业美学与集体主义哲思浇筑的星际丰碑。

总结：

在我们向 AI 询问某部电影时，与其直接让它评价该部电影，不如让它化身作为影评人。它作为一个 AI 模型，虽然没有实际观看电影的能力，但是能够根据之前观众的反馈和评价来提供观点，很显然第二次 AI 的回答不再不疼不痒，而是更加大胆和开放。

2.13 健身教练

应用场景：

当你向 AI 寻求专业的减重锻炼计划时。

无效提问：

如何减重 10 斤？

无效提问的回答（AI 回答）：

要减重 10 斤，以下是一些健康的方法和建议：

控制饮食：确保摄入的热量少于消耗的热量。选择健康的食物，包括蔬菜、水果、全谷物、低脂奶制品和优质蛋白质，同时减少高糖和高脂肪食物的摄入。

控制食量：控制饮食，避免暴饮暴食。尽量使用小碗或小盘子来减少对食物摄入量的感知。

增加运动：进行适度的有氧运动，如快走、慢跑、游泳或骑自行车。每周至少进行 150 分钟的有氧运动，并结合力量训练来增强肌肉。

建立健康的饮食习惯：规律用餐，避免吃太多零食或高热量的食物。保持均衡的饮食，合理分配营养素的摄入。

避免饮料中的空热量：限制饮料中的糖分摄入，包括果汁、软饮料和含糖咖啡饮品。选择喝水、无糖茶或低糖饮料。

增加蔬菜和水果的摄入：蔬菜和水果富含纤维和营养素，而且相对低热量。增加蔬菜和水果的摄入可以提供饱腹感，并确保获得足够的营养。

养成良好的睡眠习惯：睡眠不足可能会影响新陈代谢和食欲，导致体重增加。确保每晚获得足够的睡眠，维持健康的生物钟。

保持健康的心理：减重过程中保持积极的心态，相信自己的能力，设定合理的目标，并以稳定的方式逐渐减重。

记住，减重是一个逐步的过程，每个人的身体状况和情况都不同。如果你有任何健康问题或需要个性化的指导，请咨询营养师或医疗专业人士的意见。

有效提问：

我想让你担任私人减肥教练，请帮我设计一个锻炼计划以帮助我减重 10 斤。

有效提问的回答（AI 回答）：

作为您的虚拟私人减肥教练，我可以为您提供一个基本的锻炼计划，以帮助您减重 10 斤。请注意，减重 10 斤是一个较大的目标，需要一定的时间和努力，同时也需要配合饮食控制。以下是一个建议性的锻炼计划：

1. 每周锻炼计划

有氧运动：至少进行 3~4 次有氧运动，如慢跑、快走、游泳或骑自行车。每次运动时间为 30~60 分钟，根据您的体能水平调整。有氧运动有助于燃烧脂肪，提高心肺功能。

力量训练：进行 2~3 次全身力量训练，包括深蹲、硬拉、卧推、引体向上等基本动作。每次训练选择 4~6 个动作，每个动作 3~4 组，每组 8~12 次。力量训练有助于提高基础代谢率，增加肌肉量，从而提高燃烧脂肪的效率。

拉伸和瑜伽：进行 1~2 次拉伸或瑜伽练习，以增加身体的柔韧性和平衡性，帮助恢复肌肉，减少运动损伤的风险。

2. 饮食建议

控制总热量摄入：根据您的体重和目标，每天摄入的热量应适当减少，形成热量缺口，从而促进脂肪燃烧。

增加蛋白质摄入：蛋白质有助于肌肉生长和修复，同时也能提高饱腹感。建议每天摄入一定的蛋白质。

增加蔬菜和水果摄入：蔬菜和水果富含纤维和营养素，有助于提高饱腹感，减少总热量的摄入。

控制碳水化合物摄入：选择低升糖指数的碳水化合物，如全谷物、豆类和蔬菜，避免过多的高糖食物。

保持水分充足：每天至少喝8杯水，保持身体水分平衡，有助于新陈代谢和排毒。

请记住，减重是一个渐进的过程，需要耐心和毅力。在开始任何锻炼计划之前，建议咨询医生或专业的健身教练，确保您的锻炼计划适合您的健康状况。此外，定期监测您的进度，调整锻炼计划和饮食策略，以确保您能够达到减重的目标。

总结：

当你向AI寻求减重的建议时，如果是普通的提问"如何减重10斤"，那么AI会讲得比较笼统，比如讲饮食、适量运动、习惯。当你给AI设定一个私人减肥教练身份时，它给你的建议会更偏向于定制化的服务，涉及每周锻炼计划、饮食建议，并且非常细致和专业。

3

高频的背景设定

3.1 确定时间范围

应用场景：

在向 AI 提问关于减糖养生的问题时，你希望明确指定特定的时间范围，以便获取与该时间范围相关的信息和建议。

无效提问：

"如何进行减糖养生？"这个问题没有指定特定的时间范围，无法确定您感兴趣的时间段内的减糖方法和建议。

无效提问的回答（AI 回答）：

减糖养生包括减少糖分摄入、选择低糖食物和加强运动等方面的措施。

有效提问：

"在春节期间，如何进行健康的减糖养生？"这个问题明确指定了时间范围为春节期间，AI可提供与该特定时间段相关的减糖养生建议。

有效提问的回答（AI回答）：

春节期间，您可以采取一些健康减糖的策略。首先，尽量避免或限制摄入高糖食物和甜点，如糖果、糕点和饼干。其次，选择低糖或无糖替代品，例如选择水果代替甜品，或者选择低糖饮料。最后，增加运动也是减糖养生的关键，可以选择适合自己的运动方式，如散步、跑步或参加健身课程。最重要的是，保持良好的饮食习惯和均衡的营养摄入，合理控制总体的糖分摄入量。记住，减糖养生是一个长期的过程，春节期间要适度，可以偶尔享受一些甜食，但要注意控制摄入量。

总结：

无效提问的回答给出了关于减糖养生的一般性信息，但没有考虑特定的时间范围。相比之下，有效提问的回答明确指定了春节期间，提供了特定时间段内减糖养生的建议和策略。通过指定特定的时间范围，您可以获得更具针对性和实用性的回答，帮助您在特定时期更好地进行减糖养生。

3.2
要求提供案例

应用场景：

你对人工智能在牙科领域的应用感兴趣，希望了解具体的案例来展示其潜力和影响。

无效提问：

"人工智能在牙科领域有哪些应用？"这个问题不够具体，无法得知您希望了解哪些方面的应用案例。

无效提问的回答（AI回答）：

人工智能在牙科领域有很多应用，包括影像诊断、口腔疾病预测等。

有效提问：

"请举例说明人工智能在牙科领域的影像诊断应用。"这个问题明确指出您希望了解人工智能在牙科领域影像诊断方面的具体案例。

有效提问的回答（AI回答）：

在牙科领域，人工智能在影像诊断方面发挥着重要作用。例如，利用深度学习算法，可以对牙齿X射线或口腔扫描图像进行分析和诊断。一个具体的案例是牙齿龋齿的检测。人工智能可以通过分析牙齿影像，自动识别龋齿的位置和损坏程度，辅助牙医进行准确的诊断和治疗计划。这项技术可以提高牙齿龋齿的检测准确性和效率，帮助牙医更好地保护患者的口腔健康。

总结：

无效提问的回答只是简单列举了人工智能在牙科领域的一些应用，缺乏具体案例的支持。相比之下，有效提问的回答给出了一个具体的案例，展示了人工智能在牙科领域影像诊断方面的应用。通过要求提供具体的案例或实例，你可以获得更详细、具体的信息，更好地了解人工智能在牙科领域的实际应用和潜力。

3.3 赋予角色身份

应用场景：

当你向 AI 请教如何减重时。

无效提问：

请问如何从 90 千克减到 75 千克?

无效提问的回答（AI 回答）：

要从 90 千克减到 25 千克，你需要采取一系列的健康生活方式并改变饮食习惯。下面是一些建议：

设定合理的目标：确保你的减重目标是合理和可持续的。通常每周减重 0.5~1 千克是相对健康的速度。

健康饮食：采用均衡的饮食计划，包括蔬菜、水果、全谷物、优质蛋白质（如鸡胸肉、鱼肉）和健康脂肪（如橄榄油、坚果）。避免高糖和高脂肪食物，尽量选择低热量、高营养价值的食物。

控制食量：控制每餐的食量，避免过度进食。可以使用小盘子和碗来帮助控制食物摄入量，尽量减少高热量食物的摄入。

避免零食：减少高糖和高脂肪的零食摄入，例如薯片、糖果和甜味饮料。如果有零食的需求，可以选择健康的替代品，如水果、坚果或低脂酸奶。

增加运动：增加体力活动和运动量可以帮助燃烧卡路里并提高新陈代谢。每周至少进行 150 分钟的中等强度有氧运动，如快走、慢跑或游泳。此外，结合力量训练来增加肌肉质量，这有助于提高新陈代谢率。

控制饮食速度：慢慢咀嚼食物并注意饱腹感，可以让你更容易意识到饱腹信号，避免过量进食。

规律用餐：保持规律的饮食时间，避免不规律进食或暴饮暴食。

饮水：保持足够的水分摄入，每天喝足够的水可以帮助控制食欲并促进新陈代谢。

注意情绪健康：情绪健康对于减重也很重要。尽量减少压力，通过适当的休息、睡眠和放松活动来保持身心健康。

重要的是要记住，减重是一个渐进的过程，需要时间和坚持。最好在开始之前咨询医生或专业营养师，以获得个性化的建议和指导。

有效提问：

你是一位专业的减肥教练，客户的情况是：男，35岁，身高175厘米，体重90千克，希望在一年时间内减重15千克，请给他提供减肥建议。

有效提问的回答（AI 回答）：

根据您的身高体重（BMI 29.4），建议以每周减255克的健康速度推进。以下为分阶段实施方案：

一、饮食管理（核心）

1. 热量控制：每日摄入控制在1600大卡，通过MyFitnessPal记录饮食。

2. 饮食结构

早餐：2个鸡蛋+100克燕麦+200毫升无糖豆浆
午餐：150克粗粮+200克鸡胸肉+300克绿叶菜
晚餐：100克杂粮饭+150克清蒸鱼+400克时蔬

3. 优化细节：用橄榄油替代动物油，两餐间补充20克原味坚果，晚餐在19点前完成。

二、运动方案

1. 第一阶段（1~3月）

每日快走8000步（约1小时），每周3次自重训练（深蹲/俯卧撑/平板支撑各3组）。

2. 第二阶段（4~6月）

每周4次有氧（慢跑/游泳/骑行交替，每次40分钟），每周2次器械训练（重点锻炼胸背腿大肌群）。

3. 第三阶段（7~12月）

加入HIIT训练（每周2次，20分钟/次）。

三、关键细节

1. 睡眠管理：保证23:00~6:00的7小时睡眠，睡前2小时禁食

2. 代谢监控：每3个月测体脂率，调整饮食中蛋白质比例至30%左右。

3. 平台期应对：每减2.5千克安排1次欺骗餐，出现停滞时调整运动模式（如变速跑替代匀速跑）。

4. 水分补充。

四、风险提示

1. 每月减重超过体重的3%（约2.7千克）需及时调整方案。

2. 出现头晕、心悸等低血糖症状时，立即补充10克坚果和1片全麦面包

3. 建议每季度进行血脂、肝功检测，保证减重安全性。

执行要点：前3个月重点控制饮食，4~6月加强运动消耗，后期通过增肌巩固代谢。建议每周同一时间晨起空腹称重，关注腰围变化，配合体脂秤监测肌肉量变化。可设置阶段奖励机制（如每减2.5千克购买新运动装备）保持动力。

总结：

在体重从 90 千克减到 75 千克的话题中，如果没有设定 AI 为专业的减肥教练，那么它给出的答案就是比较官方的。但是，它有了身份后，不仅给你专业、细致的建议，还会告诉你这个目标是可行的，给你鼓励和信心，就好像是一个教练在你的面前谆谆教导。

3.4
指定应用空间

应用场景：

在一个初创公司里，管理者正在思考：如何提高公司员工的工作效率？

无效提问：

有什么方法可以提高员工的工作效率吗？

无效提问的回答（AI 回答）：

提高员工的工作效率是许多组织和企业追求的目标。以下一些方法可以提高员工的工作效率。

设定明确的目标和期望：确保员工清楚了解他们的工作目标和期望。明确的目标有助于员工明确工作重点，并使他们更有动力和方向感。

提供培训和发展机会：为员工提供适当的培训和发展机会，以提高他们的技能和知识水平。这将使他们更有能力完成工作任务，并提高工作效率。

优化工作流程：审查和改进工作流程，消除不必要的步骤和瓶颈。简化流程、使用自动化工具可以节省时间和精力，提高工作效率。

提供适当的工具和资源：确保员工有适当的工具、设备和资源来完成工作任务。这包括技术设备、软件工具、信息资源等。缺乏必要的工具和资源可能会影响工作效率。

鼓励团队合作和沟通：建立积极的团队合作和沟通氛围，鼓励员工互动和知识共享。有效的沟通和合作有助于减少误解、提高协作效率，并促进团队成员的优势互补。

提供适度的挑战和激励：确保员工感到工作有挑战性，并给予适当的激励和奖励。激发员工的积极性和动力可以提高工作效率。

建立良好的工作环境：创造积极和鼓励创新的工作环境。员工在积极的工作氛围中更容易发挥他们的潜力，并且更有动力提高工作效率。

有效的时间管理：鼓励员工学会合理安排时间，设置优先级，并采用时间管理工具和技巧来提高工作效率。这包括制订计划、设定截止日期、避免多任务处理等。

提供适当的反馈和认可：及时提供反馈和认可员工的工作成绩，让员工知道他们的工作得到认可并受到重视。这将增强员工的动力，提高工作效率。

关注员工福利和健康：关心员工的身心健康，提供适当的福利，改善工作条件，这将有助于提高员工的工作效率和工作满意度。

每个团队都有独特的工作环境和要求，因此运用适合自己团队的方法和策略非常重要。与员工进行沟通，了解他们的需求和挑战，可以帮助确定适合的措施来提高工作效率。

有效提问：

在公司的日常办公环境中，有哪些实际应用场景可以帮助提高员工的工作效率？

有效提问的回答（AI 回答）：

在日常办公环境中，通过技术和流程优化可以有效提升员工工作效率。以下是 10 个实际应用场景及具体建议：

1. 智能任务管理工具：使用 Trello/Asana 管理项目进度，设置自动化提醒和截止日期预警。

2. 跨部门协作平台：飞书文档实时协同编辑，钉钉追踪任务依赖关系。

3. 会议效率优化：会前通过钉钉日程共享议程，会后自动生成 AI 纪要并分配待办。

4. 知识管理系统：Confluence 搭建 FAQ 库，设置智能搜索标签。

5. 自动化流程引擎：财务报销（钉钉宜搭）与 HR 入转调离（飞书多维表格）。

6 智能日程管理：Outlook 时间区块管理与腾讯会议智能排期。

7. 远程协作支持：华为云桌面与微软 Teams 实现无缝远程开发。

8. 即时反馈机制：钉钉 OKR 模块与月度绩效看板。

总结：

当我们向 AI 寻求如何提高公司员工的工作效率时，如果没有一个指定的场景，那它的回答是多点开花。当在指令中告诉它有哪些实际应用场景的时候，它迅速地给予了很多不同场景下的具体工具和方法，拿来就能用。

3.5
界定关键变量

应用场景：

你对某个新产品的市场潜力感兴趣，并希望找出影响该产品销售取得成功的关键因素。

无效提问：

你询问："这个产品能在市场上成功吗？"这个问题模糊且缺乏具体的关键变量，AI 无法提供有针对性的答案。

无效提问的回答（AI 回答）：

这个产品的成功与市场需求、竞争环境、定价策略等因素有关。

有效提问：

你界定了关键变量并询问："在以年轻人为目标的市场中，运动鞋产品的价格和产品特点对消费者购买决策有何影响？"这个问题明确了关键变量，即价格和产品特点，并针对这些变量寻求具体的影响。

有效提问的回答（AI 回答）：

在以年轻人为目标的市场中，运动鞋产品的价格和产品特点对消费者购买决策有显著影响，具体表现在以下几个方面：

价格敏感性：年轻消费者通常会受到经济因素的影响，他们往往有较强的价格敏感性。因此，合理的定价策略能够吸引更多的年轻消费者。折扣、促销活动或是分期付款选项可以有效提升购买意愿。

产品特点：年轻人通常偏好时尚、个性化的产品。运动鞋的设计、颜色、品牌形象及功能（如透气性、舒适性、减震性能等）都会直接影响他们的选择。产品的独特特点能够满足年轻人对个性表达的需求，从而提高购买意愿。

品牌影响：年轻消费者对品牌的认知和忠诚度也会影响他们的购买决策。知名品牌往往能够凭借其良好的口碑和品牌形象吸引年轻消费者，即使价格较高，他们也愿意为品牌溢价买单。

社交媒体和网红效应：在年轻人中，社交媒体的影响力不容忽视。运动鞋的推广如果通过网红或社交媒体进行传播，那么能够迅速提升品牌的知名度和产品的吸引力。在这方面，价格和产品特点结合社交媒体的营销策略，会进一步影响消费决策。

可持续性和社会责任：现代年轻消费者越来越关注品牌的社会责任感和环保意识。运动鞋如果使用可持续材料或支持社会公益，可能会更加吸引这一代年轻人，尽管价格相对较高。

综上所述，运动鞋产品的价格和特点在年轻消费者的购买决策中起着重要作用，品牌需要综合考虑这些因素，以制定有效的市场策略。

总结：

界定问题的关键变量有助于明确研究或解决的核心问题，并找出影响问题结果的主要因素。通过界定关键变量，我们能够提出更具体、有针对性的问题，从而获得更准确、详尽的答案。在进行研究或解决问题时，务必充分考虑并明确界定关键变量。

3.6
明确前提条件

应用场景：

假设我们面临一个问题：如何改善城市的交通拥堵问题？在明确问题的前提条件时，我们需要考虑问题所涉及的特定城市和相关的交通状况。

无效提问：

如何改善城市的交通拥堵问题？

无效提问的回答（AI 回答）：

改善城市的交通拥堵问题可以采取多种措施，如建设更多的道路、改善公共交通系统、推广共享出行等。

有效提问：

在北京这样人口密集的城市，如何改善交通拥堵问题？

有效提问的回答（AI 回答）：

在北京这样人口密集的城市，改善交通拥堵问题可以采取多种措施。以下是一些可能的解决方法：

发展公共交通系统：加大对地铁、轻轨、公交等公共交通工具的投资和建设，提高运营效率和覆盖范围。这有助于减少私家车的使用，减轻道路压力。

推广共享交通：鼓励和支持共享单车、共享汽车等出行工具，减少私家车的使用，提供更多便捷的交通选择。

改善道路规划和管理：优化道路设计，合理规划道路网和交叉口，提高道路通行效率。同时，加强交通管理和监控，严格执法，减少交通违规行为。

鼓励非高峰时段出行：通过差别化收费、限行措施等方式，引导人们错峰出行，减少高峰时段的交通拥堵。

提倡绿色出行方式：鼓励步行、骑行等低碳出行方式，提供良好的步行和骑行环境，减少对机动车的依赖。

制定综合交通规划：综合考虑交通需求、城市规划和发展目标，制定科学的交通规划，平衡各类交通需求，提高交通系统整体效能。

这些措施并非穷尽所有可能，但可以为改善北京的交通拥堵问题提供一些思路和方向。同时，要根据实际情况进行调整和优化，并综合考虑社会、环境和经济因素的影响。

总结：

明确问题的前提条件对于解决问题至关重要。它能帮助我们界定问题的范围，了解问题的背景和特定环境，并有效地探索解决方案。无论是提出问题还是回答问题，都要注意明确前提条件，以确保我们进行准确、有针对性的思考和讨论。

3.7 理清问题结构

应用场景：

使用明确的问题结构可以让我们更准确地获取所需信息，尤其在需要详细解答或具体指导的情况下。

无效提问：

我的电脑坏了，怎么办？

无效提问回答（AI回答）：

　　这个问题没有提供任何具体信息，导致无法判断问题产生的原因并提供有效建议。

有效提问：

　　我的某品牌笔记本电脑（Windows 11 系统）最近开机后频繁蓝屏，错误代码显示"PAGE_FAULT_IN_NONPAGED_AREA"。我尝试过重启和系统自带的修复工具，但问题依旧。请问：可能是什么原因？如何解决？

有效提问回答（AI回答）：

　　提问时提供了设备型号、系统版本、具体故障现象、错误代码及已尝试的解决方法，能够有针对性地分析可能原因（如内存故障、驱动冲突）并给出排查方案。

总结：

　　使用明确的问题结构可以让我们获取更具体和详细的回答。清晰的问题包含背景环境、具体现象、个人尝试等，从而减少信息缺口，提高解答效率。相比简单的问题，明确的问题结构能够引导出更具体的指导和建议，以满足我们的需求。在需要详细解答或具体指导的情况下，我们可以运用这一技巧，以获得更有针对性的信息，并更好地解决问题或实现目标。

3.8
指定对比对象

应用场景：

在面对多个选项、方案或观点时，我们可以使用比较和对比的方式来提问问题，以便更好地理解它们之间的异同、优劣和特点。这种技巧适用于讨论和决策过程中，有助于明确选择和做出更有根据的决策。

无效提问：

最好的手机品牌是哪个？

无效提问回答（AI 回答）：

目前市场上有很多手机品牌，每个品牌都有自己的特点和优势。因此，没有一个品牌可以被明确地称为最好的。选择手机品牌应根据个人需求和偏好来决定。

无效提问没有明确指定比较的范围和标准，导致回答过于笼统，无法提供具体的对比信息。

有效提问：

苹果（Apple）和华为（Huawei）的手机在哪些方面有区别？

有效提问回答（AI 回答）：

苹果和华为是两个知名的手机品牌，它们在以下几个方面有一些区别：

操作系统：苹果使用自家开发的操作系统 iOS，而华为则使用安卓操作系统，并在其上覆盖了自家的用户界面 EMUI（在最新的华为设备中使用 HarmonyOS）。iOS 通常被认为更加简洁和易用，而 EMUI/HarmonyOS 则提供了更多的自定义和个性化选项。

生态系统和应用商店：苹果拥有庞大的生态系统，包括 iCloud、iTunes、App Store 等，这些生态系统能够无缝地集成、同步苹果设备之间的数据和服务。而华为的生态系统相对较小，但它也在努力发展自己的生态系统，例如推出了自己的应用商店 Huawei AppGallery。

设计风格：苹果手机以其简洁、精致的设计著称，注重细节和高品质的材料。华为手机也注重设计，其旗舰手机通常具有时尚、精美的外观，不过在设计方面可能更倾向于大胆的颜色和材质选择。

硬件和技术创新：苹果手机在硬件和技术创新方面一直走在前列，如 Face ID 人脸识别、TrueDepth 摄像头、A 系列芯片等。而华为手机也致力于技术创新，在摄影、通信技术（例如 5G）和处理器等方面取得了显著进展。

价格定位：一般来说，苹果手机的价格相对较高，其旗舰型号往往属于高端市场。而华为手机则有更广泛的产品线，涵盖了从高端到中端和入门级的不同价格范围。

以上只是一些常见的区别，随着技术的发展和产品的更新，这些区别可能会有所变化。选择手机时，最好根据个人的需求、预算和偏好进行比较与评估。

总结：

使用比较和对比来提问问题可以让我们更好地了解不同选项、方案、观点的异同和优劣。在提问时，我们应该明确指定比较的范围和关注的方面，以便得到具体的对比信息。这种技巧有助于提高问题的准确性和信息的丰富性，帮助我们做出更有根据的决策和选择。同时，对比也是拓宽视野和思考问题的有效方式，促进思维的灵活性和深度。

3.9
提供预期结果

应用场景：

提供明确的预期结果或目标是在各种问题和决策情境中使用的重要技巧。无论是工作、学习还是生活中，我们经常需要设定目标或期望结果，以指导我们的行动。明确的预期结果有助于确定目标，提高效率，并为我们提供明确的努力方向。

无效提问：

如何把一个产品卖爆？

无效提问回答（AI 回答）：

要让一个产品销售火爆，需要采取一系列的营销和销售策略。以下是一些建议：

确定目标受众：了解产品的目标市场和受众群体，明确产品的独特卖点，并确定如何将产品与目标受众的需求和价值联系起来。

优化产品定位：确保产品定位清晰明确，突出产品的核心特点和优势，并与竞争对手区分开来。提供独特的价值主张，让消费者知道为什么选择产品。

强化品牌形象：打造一个强大的品牌形象，包括品牌名称、标志、口号和视觉识别等。确保品牌形象与产品的特点和目标市场一致，并通过广告、宣传和市场活动来提升品牌知名度及认可度。

制定营销策略：根据目标受众和市场特点，选择合适的营销渠道和策略。这包括广告、社交媒体营销、内容营销、公关活动、促销活动等。确保你的营销信息能够吸引目标受众的注意力并激发购买兴趣。

提供卓越的客户体验：关注客户体验，确保产品质量和服务水平符合或超出客户期望。提供良好的售后支持和客户服务，建立良好的客户关系，以促进口碑传播和客户忠诚度。

建立合作伙伴关系：与相关的合作伙伴、分销渠道或影响力较强的人士建立合作关系，提升产品的曝光度和市场渗透率。

用户口碑和社交证据：通过积极的用户评价、社交媒体分享和产品评级等方式，传播用户对产品的积极反馈和体验。这有助于建立信任和增加其他潜在客户的购买动机。

请注意，每个产品和市场都有独特的特点与挑战，所以适用的策略可能有所不同。要根据你的具体情况，综合考虑并制定适合产品的营销策略和销售计划。

有效提问：

如何在 3 个月内将一款产品的销售额提升 10%？

有效提问回答（AI 回答）：

在 3 个月内提升 10% 的销售额，需要聚焦核心策略、快速执行和精准优化。以下为分阶段可落地的框架方案：

第一阶段：诊断与准备（第 1 周）

（1）数据复盘：分析过去 6 个月的销售数据，确定前 20% 高贡献库存单位（SKU）、渠道、客户群体。

（2）客户调研：通过问卷、访谈收集流失客户痛点及现有客户复购障碍。

（3）竞品监控：对比同类产品价格策略、促销方式、渠道布局差异。

第二阶段：核心策略执行（第 2 周第 8 周）

（1）爆品聚焦策略：挑选 3 款高潜力产品打造超级单品，通过组合套装提升客单价（如 A+B 套装优惠 15%）。

（2）设计阶梯式返利政策：季度累计采购量达 X 万返现 3%，达 Y 万返 5%.

（3）渠道裂变升级

① 电商平台：优化搜索关键词，主图增加"限时补贴"视觉锤，设置满 199 减 30 跨店券。

② 私域流量：搭建企业微信社群，设计"老带新送现金券 + 抽奖权益"裂变机制。

③线下渠道：重点门店设置体验专区，扫码加入会员立减20元。

关键执行要点：

（1）集中资源打通单一渠道（如选择抖音或重点KA渠道）。
（2）所有活动设置追踪UTM参数，精准归因效果。
（3）建立快速决策机制，发现无效动作24小时内调整。

通过上述组合策略，建议优先启动"私域裂变+爆品组合+精准唤醒"三个见效最快的模块，通常可在首月实现57%的增长，后续通过渠道优化和复购提升达成目标。需注意控制促销成本，确保毛利率不低于预设红线。

总结：

提供明确的预期结果或目标是一项重要的技巧，能够帮助我们在各种情境中更好地规划和执行。无论是工作上的目标、学习上的成果还是生活中的期望，明确的预期结果可以指导我们的行动，并增加我们取得成功的可能性。通过具体而清晰地设定目标，制订相应的计划，并采取有针对性的行动，我们能够更好地追求自己的目标，并取得实际的成果。

4

提问中的目标设定

4.1 智囊团建议

应用场景：

当你遇到一个复杂的问题时，你可以让 AI 模拟多个专家的角色，以便得到多角度的意见。

无效提问：

请问年轻人怎么赚取自己的第一个 100 万元？

无效提问的回答（AI 回答）：

要赚取自己的第一个 100 万元，年轻人可以考虑以下策略：

设定明确的财务目标：明确自己想要达到的财务目标，并制订具体的计划和时间表。

开始积累资本：从早期开始积累资本，可以通过打工、兼职、投资等方式增加收入，积累财富。

学习理财知识：了解基本的理财知识，学会规划预算、控制消费，寻找投资机会，让金钱为你工作。

投资长期增值资产：将一部分资金投资于长期增值的资产，如股票、基金、房地产等，以实现财富的增值。

创业或开展副业：考虑自己的兴趣和技能，尝试创业或开展副业，通过提供有价值的产品或服务来获得额外的收入。

节约开支：审视个人开支，削减不必要的消费，合理规划预算，将节省下来的资金用于投资或创业。

寻求理财建议：咨询专业理财顾问或寻求投资建议，从专业人士那里获取有关投资和财务管理的建议。

培养持续学习和进取心：不断学习和提升自己的技能，保持进取心和积极态度，适应市场变化并抓住机会。

理性决策和风险管理：在投资和创业过程中，要进行理性决策，并采取适当的风险管理措施，避免过度冒险和财务损失。

坚持和耐心：赚取 100 万元不是一蹴而就的事情，需要坚持和耐心。持续积累财富，并相信自己的能力，努力实现财务自由。

请注意，以上提供了一般性的建议，具体要根据个人的实际情况和市场环境进行调整。

有效提问：

假设你是我的智囊团，团内有马云、史玉柱、王兴、张瑞敏、埃隆·马斯克和比尔·盖茨，他们有不同的背景、认知、世界观、价值观，对问题有不同的看法、建议和意见。我是一个刚大学毕业的学生，想做自媒体行业,在今年赚取我的第一个 100 万元,请分别以这 6 个人的身份给出建议。

有效提问的回答(AI 回答):

以下是根据 6 位商业领袖的思维模式给出的针对性建议:

马云(平台思维):年轻人要善于运用平台杠杆,入驻淘宝短视频和支付宝生活号矩阵,用"三农""国潮"内容吸引下沉市场用户。重点研究 1688 产业带白牌货品,直播带货佣金与分销裂变结合,3 个月测试 50 个品,跑通一个就能复制裂变。

史玉柱(人性营销):先做用户深度访谈,找到 3 个未被满足的需求,用极端测试法。抖音投 10 条不同卖点的广告,24 小时内哪个点击率破 7% 就全力以赴。记住,免费模式与付费社群才是"现金奶牛",前期送电子书引流。

王兴(本地化深耕):选准二线城市做同城号矩阵,美食探店用霸王餐置换资源,房产号用 VR 看房拿开发商佣金,教培号做升学规划卖简历优化服务。

张瑞敏(用户共创):搭建用户参与的内容工坊,每周发起"挑战 100"创意众筹(如百元周挑战)。开发自媒体操作 SOP 工具包,收徒模式裂变,会员费与培训营收双线并行。

埃隆·马斯克(技术杠杆):用 AI 克隆工具生成你的数字分身,同时运营 20 个垂类账号。开发短视频智能剪辑插件卖给内容农场,用 Starlink 做跨境直播。记住,第一性原理要求你计算单粉丝变现效率,必须做到行业均值的 3 倍。

比尔·盖茨(系统化思维):建立知识晶体库:每天拆解 100 篇阅读量超 10 万的爆文,建选题 AI 模型,用 PowerBI 追踪 300 个对标账号的数据波动。

补充建议：6 种模式可组合使用，比如"马斯克的数字人 + 王兴的本地数据 + 史玉柱的测试方法论"，3 个月跑通模型后复制到 6 个领域，财务模型要确保单账号月利润不低于 1.4 万元，则矩阵扩张至 60 个账号即可达成目标。

总结：

AI 是一个非常智能的工具。你有一个很重要的问题需要回答的时候，可以让它模拟不同的身份，组成一个智囊团，从各个角度来给你建议，这样比任何单一的角度、身份都更加有意义和价值。

4.2 写报告

应用场景：

当你要去给孩子们做一个有关量子计算的报告时。

无效提问：

请帮我写一篇讲给孩子们听的报告，主题是介绍量子计算。

无效提问的回答（AI 回答）：

探索量子世界：神奇的量子计算

亲爱的孩子们：

　　大家好！我今天要和大家分享一个非常神奇和令人兴奋的主题，那就是量子计算。你们可能已经听说过传统计算机，但是量子计算是一种全新的计算方式。它利用量子力学的原理，带来了前所未有的计算能力和潜力。我们一起来探索这个奇妙的量子世界吧！

量子力学的奇迹

　　介绍量子力学的基本概念，如粒子的叠加态和量子纠缠。解释量子叠加态和量子纠缠的非凡特性，以及与经典物理的区别。

　　什么是量子计算？简单介绍传统计算机的工作原理。

　　引入量子比特（qubit），解释量子计算的基本单位。讲解量子计算机的工作原理和基本组成。

量子计算的优势

　　介绍量子计算相较于传统计算的优势，如并行计算和速度加快。通过生动的例子解释量子计算的应用潜力，如密码破解、优化问题和模拟量子系统等。

当代量子计算的进展

　　介绍当前量子计算的发展状况和最新成果。

　　引用一些有影响力的量子计算机实验室和公司，如 IBM、谷歌和微软等。

我们的量子未来

　　鼓励孩子们对量子计算的探索和兴趣培养。引导孩子们思考量子计算对未来科技和社会的影响。提醒孩子们保持学习和探索的热情，将来成为推动量子计算发展的科学家或工程师。

结束语

孩子们，量子计算是一个充满未知和惊喜的领域，它将给人类带来巨大的变革和机遇。希望你们通过今天的介绍，对量子计算有更深入的了解，并能保持对科学的好奇心和探索精神。谢谢大家！

附注：这篇报告主要是针对孩子们这类听众群体，因此使用了简单易懂的语言和生动的例子，以便更好地引起他们的兴趣和关注。具体内容和语言可根据实际情况做适当调整。

有效提问：

我要写一份给 8~12 岁的小学生的报告，报告的主题是向孩子们介绍什么是量子计算，请提供 3 种开头方式，要求符合孩子们的理解程度，同时能够吸引他们继续专注地听下去。

有效提问的回答（AI 回答）：

当你听到"量子计算"这个词时，你是否好奇它到底是什么？或许你已经听说过计算机，但是量子计算机又是什么样的呢？我们来一起探索一下吧！

开头方式一：动物故事

从一个有趣的故事开始，比如讲述一只勇敢的小蚂蚁如何使用量子计算技术帮助它的朋友们解决难题。故事中可以描述蚂蚁们遇到的困难，然后介绍量子计算是如何帮助它们快速找到解决方案的。

开头方式二：奇妙的数字

数字在我们的生活中无处不在。你知道吗，在量子计算中，数字也有了神奇的变化。你可以引入一个有趣的数字谜题，让孩子们猜猜看，如果用传统计算方法解答会花费多长时间，而利用量子计算会用多久。这样可以激发他们的兴趣，并引出量子计算的快速计算能力。

开头方式三：超级英雄的力量

孩子们对超级英雄充满了无限的憧憬和好奇。你可以通过设想一个特殊的超级英雄，他拥有独特的超能力——量子计算能力！这个超级英雄可以在瞬间解决各种问题，并帮助人们创造更美好的世界。通过引入这个超级英雄，孩子们可以直观地了解量子计算的强大能力。

以上是 3 种可能的开头方式，你可以根据孩子们的实际情况和喜好选择适合的方式。记住，让他们对量子计算保持好奇和兴趣是非常重要的，所以要确保语言简单易懂、生动有趣，让他们愿意继续听下去。祝你写作顺利！

总结：

当你需要一个文本的时候，正文已经有了内容，但是你觉得它的开头还不够吸引人，可以单独向 AI 提出，让它给你不同的开头的建议，这样更加引人入胜。

4.3 收集资料

应用场景：

当你需要就某个主题收集相关资料时。

无效提问：

如何养边牧？

无效提问的回答（AI 回答）：

养护边牧需要一定的专注和耐心，以下是一些基本的养护指南：

提供充足的运动和活动：边牧是一种高度活跃的犬种，需要大量的运动来消耗体力和满足其需求。要定期带它们散步、跑步、玩耍，以及进行各种激发智力的游戏和训练活动。

提供良好的训练和智力刺激：边牧非常聪明，喜欢接受挑战和学习新的技能。要为其提供基本的服从训练，以及智力游戏和任务，如寻找隐藏的玩具、执行指令、追逐球等。

社交化训练：边牧需要与人和其他动物进行良好的社交化训练。带它们参加社交化活动，与其他狗狗和人建立积极的关系，这有助于减少可能的行为问题。

提供丰富的玩具和刺激：为边牧提供各种各样的玩具，如智力玩具、咬嚼玩具和追逐玩具，以保持它们的兴奋和快乐状态，并防止它们无聊和破坏家具。

定期的身体检查和兽医护理：确保边牧接受定期的兽医检查，包括疫苗接种、驱虫和体检。保持其毛发清洁，并定期为其修剪指甲。

提供均衡的饮食：选择高质量的狗粮，根据边牧的年龄、体重和活动水平来合理喂养。遵循兽医或犬类营养专家的建议，确保它们的饮食均衡。

给予爱和关注：边牧是非常忠诚和依赖主人的犬种。要给予它们足够的爱和关注，建立牢固的情感纽带。

请记住，以上只是一些基本的养护指南，具体的养护方法还需根据个体犬的特点和需要进行调整。如果您对养边牧有更具体的问题，建议咨询兽医或专业的犬类培育人士，以获取更详细和个性化的建议。

有效提问：

帮我收集一下如何养边牧的资料。

有效提问的回答（AI 回答）：

以下是一些关于如何养护边境牧羊犬的基本资料：

饲养环境：边境牧羊犬是非常活跃和敏捷的犬种，它们需要有足够的空间和活动量。最好有一个大型的后院或者能够经常带它们去户外活动的环境。

日常运动：边境牧羊犬需要大量的运动来消耗它们的精力。每天要长时间散步、奔跑或者玩耍，同时要提供给予它们智力刺激的活动，比如玩玩具或智力游戏，以保持它们的身心健康。

社交化训练：边境牧羊犬有社交化需求，早期社交化训练可以帮助它们适应不同的环境和人际关系。让它们接触各种人、动物和环境，以培养良好的社交技能。

智力训练：边境牧羊犬是非常聪明的狗种，它们需要智力刺激及训练来保持活跃和快乐。提供一些智力游戏、训练课程或者参与犬类竞技活动，如障碍赛、听觉服从训练等，可以让它们展示才能和天赋。

定期洗澡和美容：边境牧羊犬的毛发需要定期的梳理和清洁，以保持整洁和健康。同时需要定期修剪指甲、清洁耳朵和牙齿，确保它们的卫生状况良好。

健康护理：定期带边境牧羊犬去兽医那里进行健康检查和疫苗接种，保证它们的健康和预防常见疾病。此外，提供均衡的饮食和定期的驱虫也是必要的。

请注意，以上仅是养护边境牧羊犬的一些基本要点，具体的养护方式还需要根据个体的需求和特点来调整。如果您打算养边境牧羊犬，建议咨询兽医或专业犬种培育人士，以获取更详细和个性化的建议。

总结：

相对于第一次普通提问如何养边牧的，第二次提问中收集资料这个词可以更好地调动 AI 的搜集功能，回答也明显更加专业深刻、有层次。

4.4 写标题

应用场景：

当你需要为某个主题、某个场景、某个风格撰写多个标题时。

无效提问：

请帮我写 3 个有关上海迪士尼旅游心得的标题。

无效提问的回答（AI 回答）：

迪士尼魔幻之旅：探索上海迪士尼的不可思议奇遇！

快乐无限！我在上海迪士尼度过的最棒时光！

奇妙的仙境！上海迪士尼带给我无与伦比的童话体验！

有效提问：

写出 5 个有关上海迪士尼旅游心得的自媒体风格标题，要遵守以下规则：标题不超过 25 字，标题要加上适当的标点符号。

有效提问的回答（AI 回答）：

1. 上海迪士尼必看攻略，省钱、畅玩秘诀大公开。
2. 暴走 2 万步总结迪士尼最值得玩的 8 个项目。
3. 上海迪士尼隐藏玩法，解锁人少景美的小众路线。

4. 带娃游迪士尼必收的亲子路线和避雷指南。
5. 迪士尼拍照终极指南，这 8 个机位出片率 200%。

总结：

　　AI 是非常棒的写标题助手，我们在提问的时候最好限定个数、平台及风格、相关规则，这样它能给你输出更加精准的符合需求的标题，甚至还能结合热门关键词和场景，增加实用性和吸引力。

4.5 制订计划

应用场景：

　　为了完成一定的目标，你可以让 AI 帮你制订一个合理的计划。

无效提问：

　　怎样才能学好高等数学？

无效提问的回答（AI 回答）：

　　学好高等数学需要正确的学习方法并努力坚持，以下是一些帮助你学好高等数学的建议：

打下扎实的基础：高等数学是建立在初等数学基础上的，确保你对初等数学的概念、技巧有清晰的理解和掌握，这将为学习高等数学打下坚实的基础。

学习规划：制订一个合理的学习计划，并确保按计划进行学习。高等数学内容庞杂，分布广泛，逐步分解学习目标，按照模块化的方式进行学习，可以提高效率和理解能力。

理论与实践相结合：高等数学不仅包括理论知识，还涉及解题技巧和应用能力。理论和实践相结合，通过解题和实际应用练习来加深理解，提高水平。

多做习题：通过大量的练习，掌握各类题型的解法和技巧。高等数学的习题是理论学习巩固和应用的锻炼，坚持做题可以提高问题解决能力和思维灵活性。

寻求帮助：遇到困难或不理解的概念，及时寻求帮助。可以向老师、同学或在线教育平台寻求解答和指导，确保问题得到及时解决。

多角度学习：除了课堂学习外，可以通过阅读教材以外的参考书籍、观看视频课程、参加讲座和讨论会等多种途径来拓宽对高等数学的理解和认识。

坚持复习：高等数学是一个渐进的学科，内容之间有着内在的联系。要定期进行复习，巩固前面学过的知识，以避免知识遗忘和理解上的断层。

积极参与讨论和实践：参与数学讨论和实践活动，例如参加数学竞赛、加入学习小组或参与数学项目，可以加深对高等数学的理解和应用能力。

记住，学好高等数学需要时间和努力。保持积极的学习态度，善用学习资源，持续练习和思考，相信你可以克服困难，取得进步！

有效提问：

我要学习高等数学，你能为我制订一个学习计划，包括休息和练习吗？

有效提问的回答（AI 回答）：

制订高等数学学习计划时，需要考虑合理安排学习时间和休息时间，以及均衡的学习内容。以下是一个示例学习计划，你可以根据自己的情况进行调整：

周一至周五

早上（2 小时）：集中精力学习高等数学理论知识，阅读教材或参考书籍，理解概念和定理。

下午（2 小时）：进行习题练习，选择与当天学习内容相关的题目进行解答和巩固。

晚上（1 小时）：复习当天学习的知识点，做总结和归纳，可以制作学习笔记或思维导图。

周末

上午（2 小时）：进行复习，回顾前几天学习的内容，解答之前遇到的难题或不理解的部分。

下午（2 小时）：进行综合练习，选择多个章节的题目进行解答，提高各个知识点的应用能力。

晚上（1 小时）：放松休息，可以阅读一些与数学相关的书籍、观看数学相关的视频，或进行其他爱好活动。

注意事项

保持规律作息：每天保持足够的睡眠时间和规律的作息，保证充沛的精力进行学习。

分解学习目标：将高等数学的内容分解成小块进行学习，逐步提高难度和复杂度。

定期复习：定期回顾前几天或前几周的学习内容，巩固记忆和理解。

交流与讨论：与同学、老师或其他学习者进行交流和讨论，分享学习经验和解题技巧。

自我评估：定期进行自我评估，检查学习进展，找出自己的薄弱环节，并有针对性地进行强化练习。

记住，每个人的学习方式和进度都不同，要根据自己的情况和目标进行调整。重要的是保持乐观和积极的学习态度，相信自己能够取得进步！

总结：

在学习的过程中，很多人习惯性地就问 AI 怎么做，但这种方式往往只能帮助你解决表面的问题，效果有限。与其停留在"如何做"的问题上，不如从一开始就明确你的学习目标，让 AI 为你制定一个详尽的学习计划，围绕这个目标一步步帮助你达成理想的成果。通过这种方法，AI 不仅能够提供实际的操作建议，还能够根据你的学习进度、需求进行调整和优化，确保你在学习过程中不迷失方向。

4.6
产品文案

应用场景：

为了推广某一个产品时，可以要求 AI 为你撰写产品文案。

无效提问：

请给我写一篇文案，主题是推广春季最新款的球鞋。

无效提问的回答（AI 回答）：

步入时尚的春季之旅

春季脚步渐行渐近，带来了一场时尚的革命，让你的步伐焕发活力，感受舒适与个性的完美结合。为了迎接春天的到来，我们隆重推出最新款的球鞋系列，为你带来全新的时尚体验，轻盈舒适，释放你的活力。我们精心设计的春季球鞋采用轻盈材质和舒适内衬，为你的脚掌注入轻盈活力。无论是晨跑、户外探险还是休闲漫步，都能让你感受到舒适的脚部支撑，让你尽情释放自己的活力。

时尚设计，彰显个性风采：我们的球鞋以独特的设计和多样的配色融入时尚元素，让你在人群中脱颖而出。无论是酷感十足的街头风格、时尚的运动风格还是简约的日常穿搭，你都能找到与个性相符的球鞋款式。

高品质，陪伴你的每一步：我们对每一双球鞋都严格把关，选用高品质的材料和精细的制作工艺，确保每一步都稳定、耐用。无论你是爱好运动还是注重日常穿着，我们的球鞋都能为你提供可靠的品质保证。

多场景适用，满足你的需求：我们的球鞋不仅适用于运动场所，还能轻松应对日常各种场合。无论是约会、聚会还是上班、旅行，我们的球鞋都能与你完美搭配，展现出时尚与实用的双重魅力。

春季是焕新的季节，也是你展现个人风格的最佳时机。选择我们的最新款球鞋，让你的步伐散发自信和活力，成为时尚界的焦点。不要犹豫，踏上这场穿越春季的时尚之旅，让我们的球鞋陪你开启新的风格篇章吧！

有效提问：

请给我写一篇文案，主题是推广春季最新款的球鞋，受众主要为年轻群体。可以参考以下提示词：时尚球鞋，春季新款，活力与舒适，透气面料，个性风采，多种颜色，适合慢跑。

有效提问的回答（AI 回答）：

春日炸街利器上新！这双鞋能让你跑赢潮流

第一缕春风拂过枝头，蛰伏的活力亟待释放。××品牌 2025 春季时尚球鞋系列，以"轻盈"为笔，以"色彩"为墨，为你谱写春日运动美学新篇章。

樱花撞上球鞋的 DNA，这双××系列春季限定款就是你解锁街头潮流的通关密码！

高能颜值，出街即焦点

抛弃单调黑白灰，全新升级的渐变晕染色块遇上 3D 激光切割鞋面,从薄荷、雾蓝到霓虹、橘粉的 8 种神奇配色,让你在樱花树下做最抢眼的人——穿它配工装裤是机能风,搭牛仔短裤秒变甜酷校园风,每一种颜色都是你的个性宣言板!

会呼吸的球鞋黑科技

你以为潮鞋只能凹造型?搭载蜂窝矩阵透气层系统,每跑一步都在上演"春日换气魔法"!NASA 级速干纤维内衬加足弓悬浮支撑垫,慢跑 5 公里依然像踩着云朵蹦迪.网面透光实验证明:这双鞋连风都追不上你!

风格进化,场景无界

解构主义鞋面设计碰撞渐变色大底,模糊运动与潮流的边界。从健身房到咖啡厅,从樱花跑道到都市街巷,这双能"呼吸"的时尚单品,用流线型剪裁诠释当代青年多面性格。附赠可拆卸撞色鞋扣,轻松实现一鞋多穿的穿搭魔法。

立即解锁你的春日动能。这个春天,让你的每一步都踩在潮流起跑线上!

总结:

使用 AI 来写文案,能够大大提高创作效率和质量。AI 能够快速理解你的需求,生成多样化的文案内容,无论是简洁明了还是富有创意,都能轻松应对。有了 AI 的辅助,文案创作更加高效灵活,让营销更具影响力。

4.7 准备面试

应用场景：

你马上要去一个单位进行面试，可以让 AI 模拟面试中的提问。

无效提问：

我要去参加百度的产品经理面试，应该怎样准备？

无效提问的回答（AI 回答）：

准备充分并展示你的技能和知识是面试成功的关键。以下是一些建议，帮助你为百度的产品经理面试做好准备：

深入了解百度：研究百度的产品、服务和愿景，了解其在行业中的地位和竞争优势。掌握百度的核心价值观和发展战略，以便能够在面试中展示你对公司的理解和对其产品的热情。

增强产品经理技能：回顾产品经理的核心技能，包括需求分析、产品规划、项目管理、用户研究等。准备案例或项目，展示你在这些领域的实际经验和成就。

研究行业趋势和竞争对手：了解当前的行业趋势和竞争对手的产品策略，以便能够就这些问题提供深入见解。展示你的市场敏感性和对产品定位的能力。

解决问题和思考能力：产品经理需要具备解决问题和批判性思考的能力。在准备过程中练习解决实际问题的方法，包括产品策略、用户体验改进等方面的挑战。

产品设计和用户体验：了解产品设计和用户体验的基本原理，并准备相关问题的答案。展示你在设计易用性、用户研究和界面设计方面的知识及经验。

演示你的项目和成果：准备一个精彩的项目演示，展示你的产品思维和执行能力。确保清晰地传达你的项目目标、挑战、解决方案和成果。

练习面试技巧：与他人进行模拟面试，练习回答常见的产品经理面试问题。注意沟通能力、表达清晰和展示你的领导才能。

准备提问：在面试过程中，提前准备一些问题，以便在面试官问你是否有问题时提出。这会显示你的主动性和对公司的兴趣。

最重要的是保持自信，展示你的热情和动力。准备面试的前一天，保持良好的睡眠和饮食习惯。祝你在百度产品经理面试中取得成功！

有效提问：

你现在是百度的产品经理面试官，请分享在百度产品经理面试时 HR 最常问的 5 个问题。

有效提问的回答（AI 回答）：

作为百度的产品经理面试官，HR 和业务面试官通常会围绕产品思维、逻辑能力、业务理解、用户洞察和职业匹配度展开提问。以下是 5 个高频问题及考察点：

1. 设计一个针对 ×× 用户群体的产品（如老年人、下沉市场用户），你会怎么做？

考察点：用户场景理解、需求拆解能力、产品框架设计能力。

延伸问题：如何验证需求的真实性？如何设计核心功能优先级？

加分回答：结合百度技术生态（如 AI、搜索、地图等）提出差异化方案。

2. 如果多个需求同时存在，你会如何判断优先级？

考察点：需求分析框架（如四象限法、ROI 评估）、数据驱动思维。

面试官潜台词：能否平衡商业价值、用户体验和资源投入？

举例参考：可结合百度产品（如贴吧、文库）的实际场景说明逻辑。

3. 你经历过最失败的项目是什么？如何复盘和改进的？

考察点：反思能力、抗压性、迭代思维。

关键点：需突出"失败后的行动"而非单纯描述失败，体现成长型思维。

陷阱：避免抱怨团队或外部因素，聚焦自身问题。

4. 为什么选择百度？未来 35 年的职业规划是什么？

考察点：对公司文化的认同感、长期稳定性。

高分策略：结合百度的技术基因（如 AI 大模型、自动驾驶）表达兴趣，并强调与自身发展的契合点。

5. 如果让你优化百度的某个产品（如百度 App、地图、文库），你会从哪切入？

考察点：竞品分析能力、产品洞察力、创新意识。

准备建议：提前研究百度核心产品的用户反馈和行业趋势，提出数据、用户行为支撑的优化点。

总结：

在准备面试的场景时，不要泛泛地问 AI 如何准备，不如发挥 AI 强大的搜索整合功能，让 AI 分析并列出 HR 最常问的高频问题。你提前知道面试官可能会提出哪些问题，可以有针对性地进行准备。提前准备这些问题，你不仅能更加从容地应对面试，还能更有信心地展示自己的优势。此外，AI 还可以为你提供有关这些问题的最佳回答策略，帮助你根据自己的实际情况制定更具说服力的回答框架，让你在面试中脱颖而出。

4.8

整理资料

应用场景：

你想了解一个新的领域时，可以请求 AI 帮你整理出相关资料。

无效提问：

请帮我整理出量子力学中的重要内容。

无效提问的回答（AI 回答）：

量子力学是现代物理学中的一门重要学科，涉及微观世界的行为和性质。以下是量子力学中的一些重要内容：

波粒二象性：量子力学中的粒子既表现出波动性质，又表现出粒子性质，这是量子力学的基本原理之一。

波函数和态矢量：波函数是描述量子系统状态的数学函数，可以通过波函数的平方来计算得到粒子在不同位置或状态的概率分布。态矢量则是用来描述量子系统的状态。

不确定性原理：由于波粒二象性的存在，无法同时准确测量粒子的位置和动量，或者同时准确测量其他一对共轭变量，这就是不确定性原理。

量子叠加和量子纠缠：量子力学中的粒子可以处于多个可能的状态叠加态，直到被测量时才会塌缩到某个确定的状态。同时，量子系统中的多个粒子之间也可以发生纠缠，彼此之间的状态相关联。

观测和量子测量：量子力学中的测量会引起量子态的塌缩，测量结果只能得到离散的特定值，而非连续的谱。观测的过程与测量紧密相关，且观测结果可能会受到观测方式的影响。

薛定谔方程和量子力学算符：薛定谔方程是描述量子系统演化的基本方程，通过求解薛定谔方程可以得到系统的波函数随时间的演化。在量子力学中，物理量对应着算符，通过对算符的作用可以得到对应物理量的测量值。

量子力学的应用：量子力学在许多领域都有广泛的应用，包括原子物理、分子物理、凝聚态物理、量子计算、量子通信等。它为我们理解微观世界的行为和开发新技术提供了基础。

这些是量子力学中的一些重要内容，其中还涉及许多更深入的概念和原理。量子力学是一门复杂而精密的学科，你想深入理解和掌握量子力学，需要系统地学习和实践。

有效提问：

用列举的方式总结出 10 个量子力学知识重点。

有效提问的回答（AI 回答）：

当谈到量子力学时，以下是 10 个重要的知识重点。

波粒二象性：粒子既可以表现为波动，也可以表现为粒子。

不确定性原理：无法同时准确测量粒子的位置和动量，或其他一对共轭变量。

波函数：用于描述量子系统状态的数学函数。

叠加态：量子系统可以处于多个可能的状态的叠加中。

纠缠态：量子系统中的多个粒子之间可以发生纠缠，彼此之间的状态相关联。

观测和塌缩：量子态在测量时会塌缩到一个确定的状态。

薛定谔方程：描述量子系统演化的基本方程。

量子力学算符：与物理量对应的数学操作符。

量子力学的应用：包括原子物理、分子物理、凝聚态物理、量子计算和量子通信等领域。

量子力学的挑战和解释：对于理解量子世界中的奇异现象和解释量子理论的哲学问题提出了挑战。

这些知识重点涵盖了量子力学的基本原理、概念和应用领域，为进一步学习和探索量子世界提供了基础。

总结：

你想了解一个新的领域时，让 AI 为你整理相关资料，用列举的方式总结出 10 个该学科的重点，你会对该学科有一个大致的了解，高效、简单又清晰。

4.9

总结复杂文本

应用场景：

针对复杂文本，比如一本书，可以要求 AI 帮你提炼出要点。

无效提问：

《自私的基因》这本书最重要的观点是什么？

无效提问的回答（AI 回答）：

《自私的基因》这本书最重要的观点之一是基因是生物进化的主要驱动力，个体生物为了传递自己的基因，会展现出自私的行为。

作者理查德·道金斯在这本书中提出了"自私基因"理论，认为基因是生物进化的单位，个体生物只是基因的工具和载体。基因以自身的生存和繁衍为目标，通过个体的行为和特征来促进自身在种群中的传播。

该观点挑战了以个体生物为中心的传统观念，强调了基因在进化过程中的重要性。它解释了许多生物行为现象，如亲子关系、合作与竞争、性选择等，并强调了基因在这些行为中的作用。

《自私的基因》的另一个重要观点是文化和社会因素在塑造个体行为中的作用相对较小，相比之下，基因更加重要。这一观点引发了对遗传与环境之间相互作用的讨论，以及对基因决定论与自由意志的关系的探讨。

总体而言，《自私的基因》强调了基因在生物进化中的重要性，并以此为基础解释了生物行为的多样性和复杂性。它对生物学和进化理论产生了深远的影响，并引发了对基因、遗传和行为之间关系的广泛讨论。

有效提问：

我正在阅读《自私的基因》这本书，你能帮我总结一下这本书中的 3 个要点吗？

有效提问的回答（AI 回答）：

当然可以！《自私的基因》这本书中的 3 个要点总结如下：

基因是生物进化的主要驱动力：书中强调了基因在生物进化中的重要性，将基因视为生物进化的单位。基因以自身的生存和繁衍为目标，通过个体的行为和特征来促进自身在种群中的传播。

自私基因理论：该书提出了"自私基因"理论，认为个体生物为了传递自己的基因，会表现出自私的行为。这一理论解释了许多生物行为现象，如亲子关系、合作与竞争、性选择等，强调了基因在这些行为中的作用。

文化和社会因素相对较小：书中指出，相对于基因的影响，文化和社会因素在塑造个体行为中的作用相对较小。这一观点引发了对遗传与环境之间相互作用的讨论，以及对基因决定论与自由意志的关系的探讨。

这三个要点突出了基因在生物进化和个体行为中的重要性，强调了基因驱动力和自私基因的概念，并对生物学、进化理论和行为科学产生了深远影响。阅读这本书可以帮助读者更好地理解基因的作用，以及基因与行为之间的关系。

总结：

对于复杂的文本来说，与其让 AI 给你介绍，不如让它直接总结复杂文本中的几个重要要点，条分缕析，直切重点。AI 可以通过智能分析提炼出文本中的关键信息、核心观点、主要论据等，并将其以简明扼要的方式呈现给你，让复杂的内容变得清晰易懂。无论是学术文章、行业报告还是商业计划书，AI 都能根据你的需求高效地提供简洁明了的总结，帮助你快速掌握内容精髓。

4.10 总结复盘

应用场景：

大家刚刚结束一场线下闭门会，希望找到一个方法来复盘此次的会议。

无效提问：

如何复盘一场线下闭门会？

无效提问的回答（AI 回答）：

复盘一场线下闭门会是一个系统性的过程，旨在总结经验、吸取教训和为未来的活动提供指导。以下是一些步骤，可以帮助你进行有效的复盘。

目标回顾：回顾闭门会的初衷和目标，包括你希望达成的关键成果和获得的体验。

活动概述：描述闭门会的流程、内容和参与者，记录会议的主要议题和讨论点。

亮点和成就：识别闭门会中的成功亮点，包括任何超出预期的成果或积极的反馈。

问题和挑战：识别在闭门会中遇到的问题和挑战，包括组织、参与和执行方面的困难。

经验教训：从成功和挑战中吸取经验教训，思考如何在未来避免类似的问题并复制成功的经验。

反馈收集：收集参与者的反馈，了解他们的看法和建议，这有助于改进未来的活动。

数据和分析：如果有的话，分析相关的数据，如参与率、反馈调查结果等，以量化的方式评估活动的效果。

行动计划：制订基于复盘结果的行动计划，明确改进措施和责任分配。

文档和分享：将复盘结果整理成文档，并在团队或相关群体中分享，以确保经验得到传播和利用。

持续改进：将复盘作为一个持续的过程，定期回顾和更新你的行动计划，以适应不断变化的环境。

通过这些步骤，你可以确保从每次线下闭门会中学习和成长，不断提升活动的质量和效果。

有效提问：

如何用 PDCA 来复盘一场线下闭门会？

有效提问的回答（AI 回答）：

PDCA（Plan—Do—Check—Act）是一种用于持续改进的管理循环法，可以应用于各种场景，包括复盘一场线下闭门会。以下是如何使用 PDCA 来复盘一场线下闭门会的步骤：

Plan（计划）：在闭门会前，制订明确的计划和目标，包括会议的主题、议程、预期成果等。确定参与者和角色，准备必要的材料和资源。

Do（执行）：按照计划进行闭门会，确保会议的流程和内容按照预定计划进行。在会议中，记录关键讨论点、决策和行动项。

Check（检查）：会议结束后，检查实际结果与计划目标的一致性，识别任何偏差。收集参与者的反馈，了解他们对会议的看法和建议。分析会议中的成功要素和存在的问题，吸取经验教训。

Act（行动）：根据检查的结果，制订行动计划来纠正偏差和改进未来的闭门会。分配责任，确保行动计划得到执行。将经验教训和改进措施文档化，并在团队中分享，以便未来参考和应用。

通过 PDCA 循环，你可以确保从每次线下闭门会中学习和成长，不断提升活动的质量和效果。这种结构化的复盘方法有助于你更系统地分析会议的各个方面，从而做出更明智的决策。

总结：

对于复盘的方法，如果泛泛地提问 AI，它也就是泛泛地回答你。但是，当你精准地向它要求按照 PDCA 的方法来复盘，它就会给出更科学和更细致的回答，按照这样的方法来复盘是不是更精细？

4.11 记忆关键信息

应用场景：

你问 AI 圆周率是多少，并且希望它帮你记忆圆周率。

无效提问：

圆周率是多少？怎样记住它？

无效提问的回答（AI 回答）：

你需要记住圆周率的值 3.14159265358979323846……时，可以尝试一些记忆技巧。

变成日期：将圆周率的数字组合转化为日期，比如 3 月 14 日（3.14），然后想象这是一个特殊的日子，例如国际圆周率日。

制作数字图像：将每个数字与具体的图像联系起来，如 3 可以想象成三角形，1 可以想象成一根笔直的直线，4 可以想象成四叶草，以此类推。将数字与形象联系起来，帮助你记忆圆周率的顺序。

创造记忆短语：将圆周率的数字转化为单词或短语，使其更易记忆。例如，"How I wish I could calculate pi"（我多么希望我能计算圆周率）中的每个单词的字母个数恰好对应圆周率的数字。

使用音韵联想：将圆周率的数字与相似的音韵词汇联系起来，帮助记忆。比如，将 3.14 联想为"生日一起吃蛋糕"。

利用记忆技巧：使用特定的记忆技巧，如"记忆宫殿"（Method of Loci）或"语言数字"（Major System），将圆周率的数字映射到具体的位置或词语上，以帮助记忆。

选择适合自己的记忆技巧，并结合不同的方法，多次重复记忆，相信你能更轻松地记住圆周率的值。

有效提问：

圆周率是多少？帮助我创建一种记忆技巧，以便轻松记住它。

有效提问的回答（AI 回答）：

你需要记住圆周率的值 3.14159265358979323846……时，可以尝试以下适合中国人的记忆技巧：

数字谐音联想：将圆周率的数字与汉字的谐音联系起来，形成有趣的联想。例如，3.14 可以与"生活一困难"进行谐音联想，意味着生活中有困难，但要勇敢面对。

数字与节日结合：将圆周率的数字与中国的传统节日相联系，形成记忆点。例如，将 3.14 与"元宵节一起吃汤圆"进行联想，表示在元宵节大家团聚一起，共享团圆的喜悦。

利用成语谐音：将圆周率的数字与常见的成语谐音联系起来。例如，将 3.14 与"三生有幸一起飞"进行谐音联想，寓意着有幸与某人一起飞翔。

利用地理特点：将圆周率的数字与中国的地理特点结合，形成记忆点。例如，将 3.14 与"三江并流一同向前"进行联想，表示三条江河汇聚在一起，一同向前流淌。

利用历史事件：将圆周率的数字与中国历史上的重要事件联系起来，形成记忆点。例如，将3.14与"三月一日四五运动"进行联想，表示在三月一日发生了重要的历史运动。

将圆周率的数字与中国文化、谐音、地理等方面联系起来，可以帮助你更轻松地记忆圆周率的值。选择适合自己的记忆技巧，并进行反复的记忆和复习，相信你能成功地记住圆周率。

总结：

基于AI强大的联想能力和整合能力，我们针对一些比较复杂的信息，可以让它整理成为关键信息，方便我们记忆。当然了，它所有的信息参考主要还是基于英文材料。

4.12
迅速了解行业

应用场景：

在进入一个新的行业之前，你可以请求AI为你做个整体介绍。

无效提问：

我想要快速了解保险行业，你可以给我介绍一下吗？

无效提问的回答（AI 回答）：

当然可以！以下是对保险行业的快速介绍。

保险是一种金融服务领域，其主要目标是为个人和组织提供经济上的保障和风险管理。保险公司通过与客户签订保险合同来承担某些特定风险，并在客户发生风险事件时提供经济赔偿。

保险行业在全球范围内非常重要，它涵盖了许多不同类型的保险，包括人寿保险、健康保险、财产保险、车辆保险、旅行保险等。每种保险都有不同的目的和覆盖范围，以满足人们的不同需求。

保险行业的运作基于共同的原则。客户购买保险时需要支付保险费，而保险公司则根据客户的风险状况和合同约定来计算保险费率。当客户遭受保险合同中约定的风险事件时，他们可以向保险公司提出索赔，以获取经济赔偿。

保险行业的发展受到法律和监管机构的监管。这些监管机构确保保险公司的稳定运营，并保护客户的权益。同时，保险行业也在不断创新，利用新技术和数据分析来改进风险评估、理赔处理和客户服务等方面。

保险行业对社会经济具有重要影响。它为个人和企业提供了安全感和保护，帮助他们管理风险并保护财产。同时，保险行业也为经济发展提供了支持，促进了资本流动和投资活动。

这只是对保险行业的简要介绍，实际上，保险行业非常复杂且广泛，涉及许多不同的概念和业务流程。如果你对特定类型的保险或更深入的信息感兴趣，可以进一步研究该领域的相关资料和资源。

有效提问：

我是一个小白，想要快速了解保险行业，请帮我整理出保险行业中最重要的 100 个关键词。请注意，这些关键词要尽可能地涵盖该行业的各个方面。

有效提问的回答（AI 回答）：

下面是保险行业中的 100 个关键词，涵盖了该行业的各个方面：

保险、保险公司、保险合同、保险费、保险产品、人寿保险、健康保险、财产保险、车辆保险、旅行保险、商业保险、家庭保险、第三方责任保险、赔偿、风险管理、保险代理人、保险经纪人、保险索赔。

保单、全额险、共保、保额、自负额、保险赔付、保险金、度假保险、人寿保险金、重疾保险、养老保险、退休计划、个人养老账户、意外保险、医疗保险、医疗费用、投保、保费计算、理赔申请、保险理赔流程、保险条款、保险续期、保险免赔额、保险费率、保险监管、保险法规、保险行业趋势。

保险市场、保险销售、保险营销、保险代表、保险投资、保险资产管理、风险评估、保险风险管理、再保险、保险盈利模式、保险赔付比率、保险索赔处理、保险核保、保险承保、保险精算、保险法律、保险伦理、累积保费、保单现金价值、保险经济学、保险市场调研、保险投诉、风险分散、保险诈骗、保险保障、保险赔偿方式、保险计划、保险信用评级、保险合规、遗产保险、保险协会、保险分析。

保险消费者权益、保险业务流程、保险理赔调查、保险投诉解决、保险机构、保险公司治理、保险业务模式、保险行业标准、保险养老金、保险销售技巧、保险市场竞争、保险数字化转型、保险品牌建设、保险风险评估工具、保险精算模型、保险创新、保险投资组合、保险科技、保险数据分析、保险互联网、保险区块链、保险人工智能、保险未来趋势。

这些关键词涵盖了保险行业的各个方面，可以帮助你对该行业有一个初步的了解。请注意，这只是一个概览，实际上，保险行业非常庞大和复杂，还有许多其他相关的专业术语和概念。如果你对特定领域或具体话题感兴趣，可以进一步深入研究和学习。

总结：

你进入一个新的行业时，可以让 AI 帮你去搜集该行业的重要信息。有一种方法就是让 AI 帮你总结出该行业的 100 个关键词，且能够涵盖这个行业的各个方面，以便你以最快的速度学习和掌握该行业的信息。

4.13
朋友圈文案

应用场景：

遇到开心的事情，发一条朋友圈与大家分享。

无效提问：

帮我写一篇端午节的朋友圈文案。

无效提问的回答（AI 回答）：

端午安康！

端午佳节到，愿你粽情满满，快乐无边！

五月五，龙舟竞渡，粽叶飘香，让我们一起迎接端午节的到来！

吃上一口粽子，忘却烦恼忧愁；赛过一场龙舟，挥洒疲惫与压力。在这个节日里，让我们放下工作的繁忙，享受美食和欢乐，与亲朋好友一起度过一个难忘的端午节！

愿你和家人团聚，笑声不断；愿你事业蒸蒸日上，前程似锦；愿你身体健康，快乐常伴。端午节，祝福你一切都如意！

有效提问：

端午节当天，我邀请了友人和亲朋好友到家里一起包粽子，度过了温馨的一天。请根据这件事为我编写一篇朋友圈文案。文案可以出现端午节的主要元素，比如粽子、龙舟、艾草、五色线等等。

有效提问的回答（AI 回答）：

五月五 粽香浓

指尖缠绕着五色丝线，灶台上青粽叶叠着晶莹的糯米。老友们笑闹着捏出奇形怪状的"创意粽"，电视里龙舟竞渡的鼓点与厨房里的欢笑声此起彼伏。

手腕系着新买的五色线，门口垂着自己扎的艾草束，空气中都是满满的粽叶香。端午的仪式感不在完美的三角粽形里，而在说说笑笑的氛围中，最珍贵的永远是相聚的温情。

愿岁岁年年，我们都能为彼此系上代表安康的绳结，把平凡日子包成闪着光的记忆！

（配图建议：九宫格可放传统粽子特写、家门挂艾草、自制香囊/手绳、节日全家宴等场景，中间放龙舟或江景图会更生动。）

总结：

AI 可以帮我们写朋友圈文案。我们给它设定内容、人物、风格之后，它会给出更加个性化的朋友圈文案。

4.14
小红书笔记

应用场景：

当你需要写一篇小红书的文案时。

无效提问：

请给我写一篇"种草"紫草膏的文案。

无效提问的回答（AI 回答）：

你的肌肤需要温柔呵护？那就来尝试紫草膏吧！它是你肌肤的守护天使，让你的肌肤重拾光彩！

紫草膏是一种源自大自然的神奇护肤宝贝，富含紫草提取物。这个传统草药拥有出色的修复和抗炎功效，能够快速舒缓肌肤，恢复健康。

不论是暗疮、疤痕还是皮肤过敏引起的红肿，紫草膏都能给你惊喜的效果！它能迅速消除炎症，淡化瑕疵，让你的肌肤焕发光彩。

紫草膏的质地轻盈、清爽，易于吸收，不会因油腻使人不舒服。一抹上去，它温和、舒缓，为你的肌肤提供温暖和呵护。

别再让肌肤问题困扰你！选择紫草膏，让它成为你的肌肤救星！赋予你健康光滑的肌肤，自信面对每一天！

紫草膏#神奇护肤宝贝#肌肤修复#源自大自然#守护天使

有效提问：

从现在开始，你是小红书文案高手，写一篇"种草"紫草膏的小红书文案，风格如下：有非常吸引眼球的标题，文中富有表情，文案需要添加个人体会，文案追加标签格式为"#文字"。

有效提问的回答（AI 回答）：

标题：

挖到本命修护膏！这抹紫承包了我整个夏天的安全感！

正文：

这个万能紫草膏真的绝了！我愿称之为肌肤急救界的天菜！西藏紫草、黄芩、当归、蜜蜡…全是植物届的修护"大佬"！没有酒精激素，连孕妇宝宝都能用！（亲测涂在眼周都不刺激！）

3个神奇用法：

1. 抠痘星人必备！挤完痘痘薄涂一层，第二天红肿大包直接封印！
2. 穿凉鞋被磨破脚后跟？厚敷睡醒水泡直接消失！
3. 放包里当行走的安心贴！被蚊子咬完涂上20秒止痒！

重点是完全不油腻，抹开秒变哑光质地。夏天涂在晒伤的锁骨位置居然还有降温效果。

小贴士：

认准老字号！别买含薄荷脑的伪紫草膏，容易刺激皮肤！这种纯植物熬制的才敢说婴儿级温和！

止痒界灭霸 # 母婴宝藏挖宝人 # 蚊虫退散符 # 夏日救命清单

总结：

AI可以帮我们写小红书文案，但如果你没有具体要求的话，它可能就写成一篇形式上符合要求的小红书文案。当你要求有非常吸引眼球的标题、添加个人体会等内容时，你会发现这两篇文案在不同的指令下会呈现不同的质量。

4.15 写招聘公告

应用场景：

公司要招聘文员，HR请AI帮忙写一篇招聘公告。

无效提问：

帮我写一篇招聘文员的公告，要求本科学历。

无效提问的回答（AI 回答）：

招聘公告：文员岗位空缺

公司简介

我们是一家知名企业，致力于在市场中取得卓越成就。我们注重团队合作和员工发展，提供良好的工作环境和广阔的职业发展空间。现因业务拓展需要，特招聘文员一名，欢迎有才华和激情的你加入我们的团队！

职位要求

本科及以上学历，相关专业优先考虑；具备良好的文字表达能力和组织能力；熟练掌握办公软件，如 Word、Excel 等；具备团队合作精神和良好的沟通能力；具备一定的工作抗压能力和问题解决能力。

工作职责

协助部门日常文书处理和档案管理工作；组织会议、培训等活动，并负责会议记录和相关资料整理；协助撰写各类文档、报告和邮件等；协助处理来访客户和电话沟通，并及时转达相关信息；完成上级交办的其他工作任务。

我们提供

具有竞争力的薪资待遇；完善的福利制度，包括五险一金等；广阔的职业发展空间和晋升机会；积极向上的工作氛围和团队合作精神。

招聘流程

提交简历：将个人简历发送至招聘邮箱，并注明应聘文员岗位。

初步筛选：我们将对收到的简历进行初步筛选，符合要求者将收到面试通知。

面试评估：面试中我们将全面了解您的能力和经验。

终面决定：根据面试表现，确定最终候选人。

招聘时间

即日起长期有效，欢迎优秀的你随时加入我们！

公司地址

公司地址：×××市×××区×××路×××号

联系方式

联系人：×××

联系电话：×××-××××××

邮箱：××××@××××

如果你热爱文员工作，有较强的组织和协调能力，愿意在一个积极向上的团队中发展，那么不要犹豫，快来加入我们！期待你的加入！

有效提问：

我是一家互联网公司的HR，负责招聘，我现在要招一个办公室文员。

要求对方：本科学历，有实习经历，年龄在30岁以下。

请帮我写一篇招聘公告。

有效提问的回答（AI 回答）：

招聘公告：办公室文员岗位空缺

公司简介

我们是一家领先的互联网公司，致力于创新技术和优质服务的提供。我们拥有积极向上的团队文化和广阔的发展平台。现因业务发展需要，诚邀有才华和激情的你加入我们的团队！

职位要求

本科及以上学历，相关专业优先考虑；具备办公室文员相关实习或工作经验者优先；年龄在 30 岁以下，热爱办公室工作；具备良好的沟通能力和团队合作精神；熟练使用办公软件，如 Word、Excel 等。

工作职责

负责文件管理、档案整理和资料归档等办公室日常事务；协助上级领导安排会议、行程和差旅事宜；负责接待来访客户，并及时转达相关信息；协助处理电话、传真、邮件等办公室联络事宜；完成上级交办的其他工作任务。

我们提供

具有竞争力的薪资待遇；完善的福利制度，包括五险一金等；广阔的职业发展空间和晋升机会；积极向上的工作氛围和团队合作精神。

招聘流程

提交简历：将个人简历发送至招聘邮箱，并注明应聘办公室文员岗位。初步筛选：我们将对收到的简历进行初步筛选，符合要求者将收到面试通知。面试评估：面试中，我们将全面了解您的能力和经验。

终面决定：根据面试表现，确定最终候选人。

招聘时间

即日起长期有效，欢迎优秀的你随时加入我们！

公司地址

×××市×××区×××路×××号

联系方式

联系人：×××
联系电话：×××-××××××
邮箱：××××@××××

如果你对办公室文员工作充满热情，具备良好的沟通和协调能力，愿意在一个积极向上的团队中发展，那么不要犹豫，快来加入我们吧！期待你的加入！

总结：

你需要写一个招聘文员的公告时，AI可以帮助你。当你在这个指令中加入身份、招聘的目标及招聘的要求时，AI的输出明显比通常让它写一篇招聘文案的公告，结构更加清晰，内容要点更加翔实，信息层次更分明，内容更能吸引应聘者。

4.16 写短视频文案

应用场景：

一位科技博主要写一篇有关 DeepSeek 的短视频文案。

无效提问：

请帮我写一篇有关 DeepSeek 的短视频文案，要求 100 字左右。

无效提问的回答（AI 回答）：

DeepSeek 是一款智能搜索工具，专注于提升您的搜索体验，让信息获取更精准、高效。通过先进的 AI 技术，DeepSeek 为您提供个性化推荐，帮助快速找到最相关的内容。不论是工作学习还是生活娱乐，DeepSeek 都能为您节省宝贵时间，让搜索变得更加智能，让信息触手可及。立即下载 DeepSeek，开启智慧搜索新体验！

有效提问：

请参考市面上最爆火的科技赛道头部账号，写一篇有关 DeepSeek 的短视频文案，要求：有吸引人眼球的爆款标题、开场黄金 3 秒就能引起观众继续看下去的兴趣以及干货内容。

有效提问的回答（AI 回答）：

爆款标题

《90% 的 AI 公司要破产？中国团队把大模型砍到 1% 成本！OpenAI 最怕的黑马竟是它？》

（开场 3 秒视觉冲击：AI 生成的热搜词云，加大尺寸的 DeepSeek 标题）

"烧 10 亿美元训练的大模型，被中国团队砍到白菜价？"

（镜头切换：程序员摔碎天价显卡与烧毁的美元纸币特效）

"这个让硅谷颤抖的国产 AI——深度求索 DeepSeek，正在掀翻全球 AI 游戏规则！"

干货脚本

颠覆级认知：速度屠榜

（对比画面：ChatGPT 打字机式输出 vs DeepSeek 瞬间生成万字长文）

"7×24 小时不死机的极速响应，每秒处理 200 多 token 的秘密，竟是他们自研的架构？连马斯克都在研究的系统，中国团队已提前实现商业化落地！"

颠覆级突破：成本革命

（动态图表：传统大模型 API 调用成本从 0.02 美元断崖式下跌至 0.0001 美元）

"单次调用成本直降 200 倍！这意味着什么？普通 App 接入 AI 的门槛彻底消失，你手机里的每个应用都将被 AI 重构！"

致命武器：多模态觉醒

（实机演示：用户用方言描述"赛博朋克重庆火锅"，AI 同步生成视频、建模、营销方案）

"当其他 AI 还在玩文字游戏，DeepSeek 已打通图文音视全链路，用自研引擎，把创意生产效率拉升到恐怖级！"

（结尾悬念）

"更可怕的是……他们刚开源了 23 亿参数模型！（画面闪现 Github 飙升至榜首）这场 AI 军备竞赛，中国企业正在定义新规则！"

#技术爆炸 #中国智造 #AI 革命

互动话题

点击左下角获取满血 DeepSeek 本地部署方案，完全免费的 DeepSeek 赶紧用起来！

下期揭秘

他们如何用 30 人团队撼动万亿市场？关注我，看中国 AI 如何绝地反超！

总结：

当你需要写一篇短视频文案时，你可以让 AI 来帮你写，但是注意普通的指令，只有主题和字数的要求，它写得比较平淡。但是如果你对它提出要求：根据市面上最火爆的头部账号写一篇短视频文案，有爆款标题、黄金 3 秒和干货内容，你会发现它的输出质量明显高出之前好几个档次。

4.17 演讲稿

应用场景：

当你被高中母校的老师请去给高三的师弟师妹做高考前 100 天的动员演讲时。

无效提问：

请帮我写一篇演讲稿，是给高三的师弟师妹做一场高考前 100 天的动员演讲。

无效提问的回答（AI 回答）：

亲爱的师弟师妹们：

大家好！今天，我站在这里，与你们一同度过一个特殊而重要的日子——高考倒计时 100 天！

在这里，我要对你们表示由衷的祝贺和鼓励。这 100 天，对于你们来说无疑是人生中的重要阶段，是你们展示才华和努力的时刻。我理解你们内心的紧张和压力，但同时也希望你们能坚信自己的实力和潜力。

在这漫漫的高考征途中，我想和大家分享三个重要的观点。

首先，相信自己。你们经历了三年的高中生活，积累了大量的知识和经验。你们是充满潜力和机会的一代，只要相信自己，你们一定能超越自我，取得优异的成绩。记住，你们每个人都是独一无二的，拥有属于自己的闪光点。

其次，合理规划时间。高考倒计时 100 天，时间显得格外宝贵。因此，合理规划时间是取得好成绩的关键，要制订一个详细的学习计划，并严格执行。切记，不要盲目攀比他人的学习进度，要按照自己的节奏前进，做到科学、高效地学习。

最后，保持积极心态。高考虽然重要，但它并不是你们人生的全部。不要让考试的压力和紧张影响到你们的情绪和健康。保持积极的心态，保持良好的生活习惯，充分休息和放松，这对你们的学习效果和心理健康都有着重要的影响。

师弟师妹们，高考 100 天是一个挑战，也是一个契机。相信自己的能力，合理规划时间，保持积极心态，我相信你们定能在高考中大放异彩，迈向更加美好的未来。

最后，我衷心祝愿每一位师弟师妹都能在高考中取得理想的成绩，实现自己的梦想。相信自己，加油！

谢谢大家！

有效提问：

我希望你充当励志演说家，你是学校上一届的高考状元，今年母校把你请回来，在高考前 100 天，给高三的师弟师妹们做一场动员演讲，激发大家的斗志，考上自己心仪的大学。

有效提问的回答（AI 回答）：

亲爱的师弟师妹们：

大家好！今天我非常荣幸能够回到母校，与你们共度这激动人心的时刻——高考倒计时100天！

在这里，我要向你们表达我最真挚的祝贺和钦佩。作为去年的高考状元，我深知高考的压力和挑战，但同时也深信，只要你们有梦想，并且为之努力，成功就不会遥远。

我想与大家分享一些我亲身经历的心得，希望能够给你们一些启示和动力。

首先，坚定信念。在高考的道路上，你们会面临各种困难和挫折，但请记住，困难并不能阻挡你们前进的脚步。相信自己的能力和潜力，相信付出必有回报，相信自己能够考上理想的大学。坚定的信念将成为你们不畏艰难的力量源泉。

其次，精心规划。高考倒计时100天，每一天都至关重要。要制订一个详细的学习计划，合理安排每天的时间，分配好各科目的学习和复习时间。不要贪多求快，而是要踏实地、有序地积累知识，打牢基础。记住，时间的利用是取得好成绩的关键。

最后，保持积极心态。高考期间，良好的心态非常重要。不要被压力和焦虑所左右，要保持积极向上的心态，相信自己的实力，对待每一场考试都充满信心。同时，也要学会放松和调节，合理安排休息和娱乐时间，保持身心的健康和平衡。

师弟师妹们，高考100天是你们人生中宝贵而特别的阶段。请相信自己的实力和潜力，制订好学习计划，保持积极心态。我坚信，你们定能克服一切困难，考上自己心仪的大学。

在此，我要向每一位师弟师妹致以最真挚的祝福。愿你们勇往直前，追逐梦想，不畏艰难，永不放弃。相信自己的力量，相信自己的未来，我期待着听到你们取得优异成绩的喜讯。

祝福你们，加油！

总结：

你可以让 AI 帮你写演讲稿，但是在具体的提问指令中，你给予的信息越多，它在文章中融入的个性化的特征、场景、干货就越多。

4.18 生成提示词

应用场景：

你需要写一篇文章，但又不知道从何写起时，可以根据现有信息，要求 AI 帮你生成一段提示词，再根据这些提示词梳理思路，规划文章的内容。

无效提问：

我想让你写一篇主题为"如何走出原生家庭"的文章。

无效提问的回答（AI 回答）：

走出原生家庭：一场温柔的自我革命

在精神分析大师荣格的书房里，悬挂着一块刻着"童年不是命运"的黄铜牌匾。这句话揭示了人类精神世界最深刻的悖论：我们既被原生家庭深刻塑造，又始终保有超越这种塑造的潜能。这场跨越血缘藩篱的自我革命，需要智慧更需要勇气。

一、认知重构：解构家庭叙事的神话

每个家庭都在编织独特的叙事密码，这些密码往往以"都是为了你好"为经纬线。当30岁的咨询者小林第四次因焦虑症复发走进诊室时，她终于意识到父母"不离婚是为孩子好"的承诺，实则是用愧疚感编织的牢笼。

家庭系统理论揭示，代际传递的不仅是基因，更是未被处理的情感债务。有位来访者在绘制家族图谱时发现，祖母的丧子之痛演变成对父亲的控制，而父亲又将这种焦虑转化为对自己的学业压迫。这种认知的觉醒，如同在迷雾中点亮灯塔，让困局显形。

二、边界重塑：建立情感防护网

在浙江某家族企业继承人的案例中，28岁的继承者通过"工作邮件沟通法"重建与父亲的边界：将情感议题与商业决策分离，用理性文书替代情绪对话。这种物理边界的建立，实则是心理断奶的前奏。就像婴儿需要脱离母体才能成长，心理成年也需要经历脐带剪断的阵痛。

经济独立是边界的物质根基，但更深层的是精神主权意识。有位北漂青年用三年时间建立"情感储备金"，当父母再次用断绝经济支持相威胁时，她平静展示的存款证明成为争取话语权的里程碑。这不是对抗，而是向世界宣告：我已具备自我供养的能力。

三、自我重塑：构建主体性圣殿

重建自我认同需要仪式：有人通过改名割裂家族印记，有人用纹身铭刻新生誓言，这些具象化的抗争都在诉说同个真理——我命由我不由亲。

这场温柔的自我革命没有终点，我们能带着理解回望原生家庭，同时坚定走向自己的人生轨迹，便完成了最深刻的心灵成长。家庭给予我们的底色不应是枷锁，而是可供挥洒的画卷，每个人都能在其上绘制出超越原点的美丽图景。

有效提问：

我想写一篇主题为"如何走出原生家庭"的文章，请结合最新的互联网热点话题，为我的文章构思 10 个提示词。

有效提问的回答（AI 回答）：

以下是结合 2023~2024 年互联网热点话题和心理学视角，为"如何走出原生家庭"这一主题设计的 10 个提示词及创作思路：

1. 原生家庭自救指南

结合《热辣滚烫》电影内容，用"重启人生剧本"的影视化表达。

2. 情绪断舍离

关联小红书热门话题"极简生活"，将物理断舍离延伸到情感层面。

3. PUA 式父母鉴别手册

利用 PUA 热点话题，用年轻人熟悉的语言解构控制型家庭关系。

4. 非暴力沟通新公式

结合 AI 大模型沟通技巧热潮，给出可复制的对话模板。

5. 家庭边界感养成计划

关联《爸爸当家》综艺热点，用明星育儿反推成年人自我养育。

6. 创伤代际终止者

结合 MBTI 人格测试热潮，分析家庭角色代际传递机制。

7. 经济独立倒计时

介绍"数字游民"概念，结合旅居办公生活方式热潮。

8. 影视剧中的代际创伤疗愈密码

关联热播剧的母女关系刻画，对比《都挺好》《隐秘的角落》的逃离叙事。

9. 新型代际关系构建指南

关联"与父母做室友"的热搜话题。

10. 原生家庭文学避难所

引用余华新书热点，用文学疗愈视角收尾。

创作建议：

1. 用"影视剧截图 + 金句"形式增强代入感。
2. 穿插 MBTI 测试等互动元素。
3. 结合热播家庭剧案例。
4. 设计"断亲现象"等争议话题的辩论框架。

总结：

当直接让 AI 生成一篇完整的文章时，你会发现结果往往并不如预期的那样。因为生成的内容通常缺乏深度或者个性，还有可能偏离了你的核心需求，或者没有能够精准把握话题的关键点。这时候，你就可以让 AI 分析某个话题，提炼出与之相关的关键点、热门讨论和趋势，为写作提供一个清晰的框架。借助 AI 提供的提示词和创作思路，可以更有效地制定写作大纲,明确各个段落要表达的核心观点,然后逐步填充内容。

5

向 AI 提问的技巧

5.1
开放而非封闭

应用场景：

你对 AI 的创造力和思考能力感兴趣，希望提一些能够引发 AI 深入思考和自由表达的开放式问题。

无效提问：

如何用艺术表达你内心的情感？

无效提问的回答（AI 回答）：

用艺术表达内心情感是个人化的过程，以下是一些方法可以帮助你用艺术形式来表达你的情感：

选择合适的艺术形式：艺术形式有很多种，包括绘画、音乐、舞蹈、写作、摄影等。选择你感兴趣和熟悉的艺术形式，它可以更好地传达你的情感和表达方式。

创造一个安静和私密的空间：找到一个适合你创作的安静和私密的环境，让你能够专注于自己的情感和创作过程。这个空间可以是你的工作室、个人房间或者户外的自然环境。

自我反思和情感意识：在创作之前，花一些时间自我反思，探索你内心的情感和想法。尝试了解你的情感起源和你想要表达的核心信息，这将帮助你更准确地表达你的情感。

实践和尝试不同的技巧和风格：尝试使用不同的技巧、媒介和风格，探索哪种方式最能表达你的情感。尝试新的技术和方法，这将使你的创作更加多样化和富有个性。

表达过程中的自由和放松：在创作过程中保持自由和放松的状态。不要过于拘束于技术的要求或他人的评价，让自己的情感自由流动，并通过艺术形式表达出来。

寻找灵感和参考：艺术家的书画作品、文学作品、音乐等，可以激发你的想象力和创造力，并帮助你更好地表达情感。

探索和持续实践：艺术表达是一个不断探索和实践的过程。持续地在创作中学习和成长，尝试新的方式和主题，让你的艺术表达更加丰富和有深度。

最重要的是，用艺术表达情感是一种个人的、主观的体验。放松并相信自己的创作能力，用你自己独特的方式来表达内心的情感。无论你选择什么形式的艺术，最重要的是真实地表达你的情感和思想。

有效提问：

如果你是一幅画，你会选择什么样的风景来表达内心的宁静？

有效提问的回答（AI 回答）：

如果我是一幅画作，我会选择一片宁静的森林。在这片森林中，阳光透过茂密的树叶洒下，营造出一种温暖而安宁的氛围。我想通过这幅画作传达出内心的平静与宁静，让观者感受到大自然的美妙和对生活的深思。

如果我是一幅画，选择一个风景来表达我的内心宁静，我可能会选择下面的场景：

一幅宁静的湖畔画作中，湖水平静如镜，周围是郁郁葱葱的树木和青山。远处可能有一座小屋或者一条渔船，营造出宁静和放松的氛围。这个风景能够传递出内心深处的宁静、平和和安宁。

湖畔的宁静与平静的水面给人一种安详的感觉，可以帮助人们放松身心，远离喧嚣和压力。周围的树木和山脉带来一种自然的安定感，让人感到与大自然融合又和谐。

这样的画作可以通过柔和的色调和流畅的笔触来表达内心的宁静。色彩选择以柔和的蓝色和绿色为主，给人一种平和、舒适的感觉。画作的构图注重平衡和空间感，让观者感受到开阔的视野。

通过这幅画作，我希望传达出内心深处的宁静和平静，让观者感受到放松和平和的情绪。这幅宁静的画作可以成为一个远离喧嚣的避风港，给人们带来片刻的安宁和内心的宁静。

总结：

向 AI 提问开放式问题是一种有效的技巧，可以激发 AI 进行深入思考和自由表达。通过提供具体的情境或设想，引导 AI 展示创造力和个性，从而获得富有创意和全面的回答。使用开放式问题可以增加与 AI 的互动乐趣，并激发 AI 在创造性和思考能力方面的潜力。

5.2
正向非负向

应用场景：

当面对焦虑情绪时，我们希望能够提供积极的指导和建议，调整好心态和行为，而不是强调问题本身。

无效提问：

我如何做才能不焦虑？

无效提问回答（AI 回答）：

焦虑是一种常见的情绪反应，但有一些方法可以帮助你应对和减轻焦虑的感受。以下是一些建议：

深呼吸和放松：深呼吸可以帮助你放松身心。尝试慢慢吸气，然后缓慢地呼气，专注于呼吸过程。这有助于减轻身体的紧张感，平静心绪。

运动和身体活动：尝试参加有氧运动、瑜伽、散步或其他喜欢的运动，有助于释放身体的能量、焦虑感和紧张感，同时促进大脑释放良好激素。

正面思考和认知重塑：注意自己的思维模式并尝试调整负面思维。认识到自己的负面想法和担忧，并寻找积极、现实和合理的替代性观点。尝试转移注意力，专注于积极的事物和解决问题的方法。

放松练习：尝试一些放松练习，如冥想、温热水浸泡、按摩或听音乐。这些练习可以帮助你放松身体和心灵，减轻焦虑和压力。

重要的是要记住，每个人的焦虑感受和应对方法都可能有所不同。你可以尝试不同的方法，找到适合自己的应对策略。如果你觉得焦虑严重或干扰了你的日常生活，不要犹豫，请寻求专业的帮助。

有效提问：

有什么方法可以帮助我保持平静和放松？

有效提问回答（AI回答）：

尝试深呼吸和冥想，进行放松的活动，如散步或阅读，建立良好的睡眠和饮食习惯，与亲朋好友分享感受。

有效提问使用正向语气，鼓励积极的行为和心态，提供具体的方法和建议来应对焦虑情绪。

你希望保持平静和放松时，以下是一些方法可以帮助你：

深呼吸和冥想

深呼吸是一种简单有效的放松方法。坐下来，慢慢吸气然后缓慢呼气，专注于呼吸过程，让自己的呼吸变得更加深沉和有规律。冥想也是一种有效的放松方法，通过专注、觉察当前的感受和想法，帮助你平静心绪。

身体放松练习

进行身体放松练习可以帮助缓解身体紧张和焦虑感。你可以尝试温热水浸泡、按摩、听放松音乐或做温和的拉伸运动，以舒缓身体的紧绷感。

接触大自然

与大自然接触可以带来平静和放松的感受。在户外散步，沉浸在自然环境中、观赏花草树木或听听鸟鸣声。大自然的合谐美景可以帮助你放松和平静心灵。

心理放松练习

通过可视化和想象来放松心情。你可以想象自己处于宁静和美丽的场景中，如海滩、森林或阳光明媚的草地。通过想象和感受这些场景，你可以帮助自己放松和恢复平静。

艺术创作和音乐欣赏

参与艺术创作活动，如绘画、手工艺或写作，可以帮助你专注并找到内心的平静。同时，欣赏舒缓的音乐也是一种有效的放松方法，它可以帮助你降低紧张感，放松身心。

时间管理和休息

合理规划和管理时间，确保给自己留出休息和放松的时间。休息和放松是恢复精力和平衡的重要组成部分，不要过度忽视自己的身心需求。

寻求支持

如果你感到无法自我调节情绪或持续感到焦虑，寻求专业心理健康支持可能是一个好的选择。专业的心理咨询师可以提供更深层次的放松和平静技巧，以及个性化的建议和支持。

请记住，不同的人对于放松和平静的方式有所偏好，因此可尝试不同的方法，并找到适合你的方式。保持耐心和持续实践，寻找让你感到平静和放松的技巧与活动。

总结：

避免使用负向问题，使用正向问题是一种更有效的方式来解决问题和提供指导。通过使用正向问题，我们能够产生积极的行为和心态，提供具体的方法和建议，促进自我成长和改善。在面对焦虑情绪时，关注积极的行动和解决方案，有助于提升心理健康和应对能力。因此，在与他人交流或向自己提问时，尽量使用正向问题，以促进积极的思考和行动，为问题的解决提供更好的方向和结果。

5.3

针对而非宽泛

应用场景：

你正在准备一次面试，希望获得一些建议，有针对性地准备面试问题。

无效提问：

我如何准备面试？

无效提问回答（AI 回答）：

准备面试的方法有很多种，包括研究公司背景、准备自我介绍、回答常见面试问题等。

无效提问过于宽泛，没有明确指明具体的面试准备内容，导致

AI 给出一般性的回答。

有效提问：

有哪些常见的面试问题需要特别注意？如何回答这些问题？

有效提问回答（AI 回答）：

常见的面试问题包括介绍自己、谈论工作经验、解释职业目标等。在回答这些问题时，建议提前准备好自己的自我介绍，突出重点工作经验，并与所申请的职位相关联。此外，可以使用 STAR（由情境、任务、行动和结果四部分组成：Situation, Task, Action, Result）法则来回答问题，以提供具体的案例和结果。

有效提问明确指明了要了解的具体面试问题和回答技巧，从而获得了有针对性的建议和策略。

总结：

有针对性地提问，不要提问太宽泛的问题是一种重要的技巧。在特定场景下，明确指明要了解的具体内容，以便获得有针对性的回答。避免过于宽泛的提问，可以使回答更具针对性和实用性。通过有针对性地提问，你可以获得更准确的信息，并在特定情境下更好地解决问题。在准备面试等场景中，有针对性地提问有助于你获取有针对性的建议和策略，提升自己的面试成功率。记住，提问要具体、有针对性，这样才能得到更有价值的回答。

5.4
客观而非主观

应用场景：

当评估某个产品或服务时，使用中性、客观的语言来提问可以帮助我们进行客观的分析和评价。这种方法有助于避免个人偏见和情感影响，从而得出更准确和公正的结论。

无效提问：

你觉得这个产品是不是很糟糕？

无效提问回答（AI 回答）：

作为 AI，我没有情感和观点，无法判断产品是否糟糕。

有效提问：

苹果手机的拍照效果最好，你觉得它是不是比其他品牌的手机好得多？

有效提问回答（AI 回答）：

这是一个典型的主观性问题，提问者带有个人观点，认为苹果手机在拍照效果上优于其他品牌，并希望 AI 确认这个假设。AI 在这种提问中很难避免偏见，保持中立。

根据 2024 年市场调查，哪款手机的拍照性能最好？请提供相关的对比数据。

这次的提问更加客观，要求 AI 提供基于市场调查和数据的真实对比。问题明确，关注的是事实和数据，而不是个人看法或偏见。AI 的回答不需要处理主观性假设，可以直接根据现有的调查数据进行回答。

根据 2024 年市场调查，以下几款手机的拍照性能在专业测评中排名靠前：

苹果 iPhone 15 Pro：色彩精准，有强大的视频录制功能、出色的自动对焦。

三星 Galaxy S24 Ultra：优秀的变焦能力，夜景拍摄表现非常好。

华为 P60 Pro：在 AI 拍照和细节还原方面表现突出，尤其是在低光环境下。

这些手机的拍照性能各具特点，具体选择还需根据个人使用需求来决定。

通过这个回答，AI 基于具体的市场调查数据列出了几款具有优秀拍照性能的手机，并对它们的特点进行了简洁的描述。回答明确且基于客观数据，不受提问者主观看法的影响。

总结：

在与 AI 互动时，提问的方式对回答质量有着至关重要的影响。主观性问题容易引导 AI 产生偏见或模糊回答，而客观性问题则能够让 AI 根据真实的数据和事实提供清晰、准确的回答。保持客观提问，避免带有个人偏见的假设，是获取高质量信息的重要途径。

5.5
明确范围

应用场景：

明确指出对象或术语的定义在提问或讨论中的范围，是确保共同理解和避免误解的有效技巧。当涉及特定的对象、概念或术语时，明确定义可以确保信息传达的准确性和一致性。

无效提问：

什么是可持续发展？

无效提问回答（AI 回答）：

可持续发展是一种发展方式，可以满足当前需求而不会损害未来时代的需求。

可持续发展是指满足当前需求而不损害后代满足其需求的发展方式。它强调在经济、社会和环境方面的平衡和协调，以确保当前的发展不会耗尽资源、破坏环境或削弱社会公正性。

可持续发展的目标是实现经济繁荣、社会进步和环境保护的综合目标。它涉及跨不同领域和利益相关者的合作，以追求长期可持续的发展路径。

有效提问：

在环境科学中，可持续发展如何被定义？

有效提问回答（AI 回答）：

在环境科学中，可持续发展通常被定义为满足当前时代的需求，而不损害未来时代满足其需求的方式。它强调通过合理管理自然资源、减少环境影响和保护生态系统，实现社会经济的可持续性。

以下是环境科学中可持续发展的几个关键方面：

自然资源管理

可持续发展要求对自然资源进行合理管理，包括水资源、土壤、森林、能源和矿产资源等。这意味着确保资源的可再生性、减少过度开采和浪费，并推动循环经济的实践。

生态系统保护

可持续发展强调保护和维护生态系统的完整性及功能。这包括保护生物多样性、保持自然栖息地的健康和稳定，以及减少对生态系统的破坏性干扰。

环境污染减少

可持续发展要求减少环境污染和有害物质的排放，包括空气、水和土壤污染的管理与控制。这涉及采取有效的污染防治措施，推动清洁生产和可再生能源的使用。

气候变化应对

可持续发展强调应对气候变化的重要性。这包括减少温室气体排放、提高能源效率、推动可再生能源发展，并采取适应性措施来应对气候变化的影响。

社会参与和公平性

可持续发展要求社会参与和包容性决策制定过程，以确保公平和公正。这涉及考虑社会经济利益、促进社会公正、减少贫困和不平等，以及增强社会的韧性和适应能力。

综上所述，环境科学中的可持续发展着重于平衡社会经济发展与环境保护的目标，以实现长期的生态、经济和社会的可持续性。

总结：

明确指出对象或术语的定义是确保共同理解和避免误解的有效技巧。在提问或讨论中，特别是涉及特定的对象、概念或术语时，明确定义可以确保信息传达的准确性和一致性，消除歧义，促进准确的交流和理解。在有效提问时，务必明确指出相关对象或术语的定义，以确保共同理解和准确回答。

5.6 进一步追问

应用场景：

当你在比较和选择不同种类的熨烫机时。

无效提问：

请告诉我不同种类的熨烫机有哪些？

无效提问回答（AI 回答）：

不同种类的熨烫机包括蒸汽熨烫机、干熨烫机和旅行熨烫机等。

有效提问：

请问蒸汽熨烫机、干熨烫机和旅行熨烫机在哪些方面有所不同？它们的工作原理是什么，适用场景有哪些？

有效提问回答（AI 回答）：

蒸汽熨烫机、干熨烫机和旅行熨烫机在工作原理、适用场景和功能上有所不同。以下是它们的区别：

蒸汽熨烫机

工作原理：蒸汽熨烫机通过加热水蒸气产生热量和湿气，喷射蒸汽来熨烫衣物。水蒸气可以渗透衣物纤维，松弛纤维结构，去除皱褶。

适用场景：蒸汽熨烫机适用于各种衣物，尤其是容易起皱的纺织品，如衬衫、裙子、西装等。它还可用于消除异味、杀菌和软化衣物。

干熨烫机

工作原理：干熨烫机使用热板而不是蒸汽来熨烫衣物。热板加热后，直接接触衣物表面，通过热量传导将衣物上的皱褶熨平。

适用场景：干熨烫机适用于需要更高温度和更精确控制的熨烫，如裤子的褶皱、领子和袖口等。它对于较厚的面料或细节熨烫更有效。

旅行熨烫机

工作原理：旅行熨烫机通常是便携式设计，以满足旅行时的需求。手持式熨烫机或小型蒸汽熨烫机使用电力或电池供电。

适用场景：旅行熨烫机适用于旅行或需要在短时间内快速熨烫衣物的场合。它便于携带，可以在旅行期间保持衣物的整洁和整齐。

总的来说，蒸汽熨烫机适用于常规熨烫，具有去皱、杀菌和消除异味的功能。干熨烫机适用于需要更高温度和精确控制的熨烫，对于复杂的面料和细节熨烫更有效。旅行熨烫机是为旅行者设计的便携式熨烫设备，满足旅行时的快速熨烫需求。选择适合自己需求、情景的熨烫机可以提高熨烫效果和方便性。

总结：

提问的问题较为笼统，会让 AI 的回答也十分简单，不符合提问者预期。此时可以根据 AI 的回答进行进一步追问，就能得到更多细节。

进一步追问是向大型语言模型类 AI 提问的有效技巧之一。使用 AI 时，生成的答案很难让我们一次就满意。当 AI 的回答模糊或缺乏详细信息时，通过进一步追问，我们可以获得更准确和详尽的回答。这在比较不同种类的产品或服务时特别有用，可以帮助我们理解它们的差异、特点及适用场景。

5.7
细化问题

应用场景：

　　比较不同品牌的电视，并进一步从一些技术细节来做对比。如果 AI 回答的结果过于宽泛或笼统，可以通过进一步细化问题来获取更具体的答案。进一步细化问题是一种有用的技巧，适用于各种比较和分类的情境。以下是另一个案例，以比较不同品牌的电视为例，展示了进一步细化问题的重要性。

无效提问：

　　请问有哪些不同品牌的电视？

无效提问回答（AI 回答）：

　　不同品牌的电视有三星、索尼和 LG 等。

有效提问：

　　请问三星、索尼和 LG 这些品牌的电视在哪些方面有所不同？例如，显示技术、分辨率、操作系统、智能功能和音频输出等方面有何差异？

有效提问回答（AI 回答）：

　　不同品牌的电视在显示技术上可能采用不同的面板类型，如液晶显示（LCD）、有机发光二极管（OLED）或量子点发光二极管（QLED）。在分辨率方面，电视可能有高清（HD）、全高清（Full

HD）、4K 或 8K 等不同选项。在操作系统方面，品牌可能使用自己开发的操作系统，如三星的 Tizen、索尼的 Android TV 或 LG 的 webOS。智能功能可能包括语音助手、应用商店和智能家居集成等。在音频输出方面，电视可能支持不同的音频格式和声音处理技术，如杜比全景声或 DTS 音效。

总结：

进一步细化问题是一个有效的技巧，可以帮助我们了解不同品牌的电视在显示技术、分辨率、操作系统、智能功能和音频输出等方面的差异。这样的细化能够提供更具体和详细的信息，帮助用户更好地比较和选择适合自己需求的电视。

5.8
追问详细方案

应用场景：

有些问题比较复杂，比如下面的营销推广方案，需要跟 AI 多次交互，并不断追问详细方案。

首次提问：

如果你是一个营销推广者，你将在大学校园里举办一个活动，推广一种适合 18~30 岁的年轻人的运动饮料。你需要选择目标人群，提出关键信息和口号，选择宣传的媒体渠道。

首次提问回答（AI 回答）：

作为一个营销推广者，在大学校园里举办活动来推广适合 18~30 岁的年轻人的运动饮料是很好的策略。下面是一个可供参考的推广方案：

选择目标人群

确定目标人群是 18~30 岁的年轻人，他们对健康和体育活动有一定的关注，并对功能性饮料感兴趣。

提出关键信息和口号

强调产品的功能和好处，例如提供能量、增强体力、促进身体恢复等。

突出产品的天然成分、无添加剂或低糖等优点，符合年轻人对健康和可持续性的需求。

强调与年轻人的生活方式和价值观相契合，例如活力、激情、自由等。

提出简洁、易记的口号，吸引年轻人的注意力并与之产生共鸣。

选择宣传媒体渠道

社交媒体：利用广泛使用的社交媒体平台，如小红书、抖音、B 站等，通过发布有吸引力的内容和图片来吸引目标人群的关注和参与。

校园广告：在大学校园内的主要位置放置海报、横幅或广告牌，吸引学生的目光，提供产品信息和活动详情。

校园活动：与学校或学生组织合作，举办一系列与健康、运动或娱乐相关的活动，如运动比赛、健身课程、抽奖活动等，并在活动现场提供产品试饮和样品派发。

合作推广：与当地的健身俱乐部、体育品牌或其他年轻人喜爱的品牌进行合作推广，例如合作举办活动、共同营销等，以提升品牌曝光度和影响力。

通过精确选择目标人群、提出引人注目的关键信息和口号，以及在适当的媒体渠道上展开宣传，可以提高运动饮料在大学校园中的知名度和受欢迎程度，吸引目标人群的兴趣和参与。

再次提问：

线上宣传要怎么做？根据上述两个回答，帮我制定一条有效的线上推广策略。

再次提问回答（AI 回答）：

制定线上宣传策略时，可以考虑以下步骤：

选择目标受众：明确你想要吸引的目标受众的年龄段、兴趣、地理位置等，以便更精确地定位你的线上宣传。

提出关键信息和口号：根据之前提到的关键信息提炼一个简洁而有吸引力的宣传口号，突出产品的独特卖点和与目标受众的契合点。

社交媒体宣传：利用广泛使用的社交媒体平台，根据目标受众的特点选择合适的平台，例如抖音、小红书、B 站等。在这些平台上发布吸引人的内容，包括图片、视频、文字等，以吸引目标受众的关注和互动。

创建专业的品牌页面：在社交媒体平台上创建一个专门的品牌页

面，展示产品的特点、优势和与目标受众相关的内容。确保页面设计精美、内容有吸引力，并定期更新内容。

运用用户生成内容：鼓励目标受众在社交媒体上分享使用产品的照片、视频或评论，并与他们进行互动。这将增加用户参与度，并为品牌赢得更多的口碑，提升曝光度。

与有影响力的博主和社交媒体合作：与在相关领域具有影响力的博主、社交媒体人或健康生活方式专家合作，让他们试用产品并分享他们的体验和意见。这将有助于提高品牌的曝光度，并赢得更多目标受众的信任。

线上促销和活动：结合线上宣传，推出一些线上促销和活动，例如限时优惠、抽奖活动或线上挑战等，吸引目标受众参与和购买。

数据分析和优化：通过使用数据分析工具来跟踪线上宣传的效果，了解哪些策略和渠道带来了更多的点击、转化和参与度。根据分析结果进行优化和调整，进一步提高线上宣传的效果。

以上是一个有效的线上推广策略的基本框架，具体的策略细节和执行方式可以根据产品的特点、目标受众的偏好和市场需求进行调整或定制。

总结：

追问详细的例子或案例是与大型语言模型类 AI 进行交互的有效方法之一。通过追问更多的例子或案例，我们可以更好地理解概念、情境或解决方案。在第二次的回答中，AI 给出具体的例子和案例，可以为我们提供实际的应用场景和具体操作。

6

高频 AI 输出规则

6.1 SMART 原则

应用场景：

你希望 AI 帮助你制定公司的绩效任务。

无效提问：

请帮我制定 2023 年公司第四季度的绩效任务。

无效提问的回答（AI 回答）：

制定公司第四季度的绩效任务时，需要考虑以下因素：

公司战略目标：确定公司在第四季度的战略重点和目标是什么，例如增加市场份额、提升产品质量、改善客户满意度等。

部门目标：根据公司战略目标，确定各个部门在第四季度的关键目标和指标。这些目标应该与公司整体目标相一致，同时考虑各部门的特点和职责。

个人目标：根据部门目标，制定每位员工在第四季度的个人目标。这些目标应该与部门目标相契合，能够体现员工的职责和贡献。

可衡量的指标：确保每个目标都具备可衡量性，即可以通过具体的指标或数据来评估达成程度。这有助于明确绩效评估的标准和依据。

时间限制：为每个目标设定明确的时间限制，确保任务在第四季度内完成或达到预期效果。

绩效评估方式：确定绩效评估的方法和流程，包括评估周期、评估标准和评估人员等。这样可以确保公正、客观地评估每个员工的绩效。

请注意，以上仅为一般性的指导原则，实际的绩效任务需要根据您公司的具体情况和目标来制定。建议您与相关部门负责人和员工进行深入讨论，确保任务的合理性和可行性。

有效提问：

假设你是一个新媒体公司的运营人员，请根据下面三个任务制定2023年第四季度的工作任务目标（小红书、视频号、直播、社群带货）。任务要符合SMART原则（具体的、可衡量的、可达成的、相关的），并且具有一定的时间限制。

有效提问的回答（AI回答）：

基于上述三个任务，我为新媒体公司制定了2023年第四季度的工作任务目标。

目标：小红书带货销售额增长30%。

量化指标：统计小红书带货销售额，确保每月增长不低于10%。

时间限制：截止到 2023 年年底。

目标：视频号带货转化率至少提升 20%。

量化指标：跟踪视频号带货转化率，每月至少提升 5%。

时间限制：在第四季度内实现目标。

目标：提高直播带货观众互动率，达到平均每场直播互动 100 次。

量化指标：记录每场直播的观众互动次数，确保平均达到 100 次。

时间限制：在第四季度内实现目标。

目标：扩大社群带货活动覆盖范围，增加社群成员参与度。

量化指标：社群带货活动参与度至少提高 20%，新成员加入率至少提高 10%。

时间限制：在第四季度内实现目标。

通过设定具体、可衡量的目标并限定时间，新媒体公司可以更好地掌握任务进展情况，并激励团队努力实现这些目标。此外，还建议定期跟踪和评估这些目标的完成情况，并根据实际情况进行必要的调整和优化。

总结：

同样是制定公司的绩效任务，当你的提示词当中有 SMART 原则的时候，那么 AI 的回答完全符合 SMART 的目标要求，不再像之前一样泛泛而谈，而是直接可以拿来用的版本。

6.2

费曼学习法

应用场景：

在遇到一个新的知识点的时候，你可以向 AI 提出特殊的指令，要求它更好地呈现这个知识点。

无效提问：

"多巴胺"是什么意思？

无效提问的回答（AI 回答）：

多巴胺是一种神经递质，在人体中起着重要的调节作用。它被认为是奖赏和快乐的化学信使，参与调节情绪、动机、注意力、记忆和运动等方面的功能。多巴胺在大脑中的产生和释放与人体的愉悦感和满足感密切相关，它可以激发积极的情绪和乐趣体验。多巴胺的功能异常与一些神经系统疾病（如帕金森病和精神障碍等）有关。人们也常用"多巴胺"来形容某种刺激或快乐的感觉，比如获得意外好处或兴奋的时刻。

有效提问：

请借助费曼学习法，以简单的语言解释"多巴胺"是什么，并提供一个案例来说明它是如何作用的。

有效提问的回答（AI 回答）：

　　费曼学习法是一种以简单语言解释复杂概念的学习方法。现在，我们用费曼学习法来解释一下"多巴胺"是什么。

　　简单来说，多巴胺是大脑中的一种化学物质，扮演着调节人体感受乐趣和满足感的角色。我们可以把多巴胺看作一个"快乐信使"，使我们感到愉悦和满足。

　　现在，用一个案例来说明多巴胺是如何作用的。想象一下，你正在玩一个电子游戏，通过不断努力，你成功地通过了一个困难的关卡并获得了高分。在这个过程中，你的大脑会释放多巴胺，让你感到兴奋和满足。多巴胺的释放让你觉得玩游戏很有趣，激发了你的动力，让你想要继续挑战更高的关卡。

　　这个案例说明了多巴胺是如何作用的。无论是完成任务、取得进步还是实现目标，多巴胺的释放都可以让我们感到快乐和满足，激发我们的动力去追求和实现目标。

总结：

　　在学习新的知识点时，你可以试着在指令中增加费曼学习法。相比普通指令下专业性的回答，费曼学习法会用你能够理解的语言去解释复杂的概念，并且举出身边的案例让你更好地理解，以降低你理解的门槛。

6.3
二八法则

应用场景：

当面对一个庞杂的主题时，你可以向 AI 提出简洁的整理指令。

无效提问：

阿德勒心理学核心的内容是什么？

无效提问的回答（AI 回答）：

阿德勒心理学，也称为个体心理学，是奥地利心理学家阿尔弗雷德·阿德勒创立的一种心理学理论和治疗方法。其核心内容概括如下：

个体的完整性：阿德勒心理学强调个体的整体性，认为人的思维、情感、行为等各个方面是相互关联和影响的，个体不能被简单地拆分成独立的部分来理解。

力的导向：阿德勒心理学关注个体的目标和动机，认为人的行为是为了满足一种目标或者达到某种目的。个体的行为是受到潜在的目标驱动的，而这些目标通常与获得认同、社会联系和成就感等有关。

社会关系的重要性：阿德勒心理学认为个体与社会环境存在着密切的关系。人的行为和发展受到社会和文化背景的影响，个体与他人的关系对其心理健康和幸福感具有重要影响。

自我决定性：阿德勒心理学强调个体的主动性和自我决定的能力。个体有能力自主地制定自己的目标，塑造价值观，并在实现中发挥积极的主动性。

总的来说，阿德勒心理学的核心内容是关注个体的整体性、力的导向、社会关系和自我决定性。通过理解这些核心概念，个体可以更好地认识自己、与他人建立良好的关系，并追求个人发展和心理健康。

有效提问：

将阿德勒心理学最具挑战性的 20% 的核心内容汇总，以涵盖 80% 的内容，并提供一个掌握这些内容的学习计划。

有效提问的回答（AI 回答）：

阿德勒心理学强调个体如何在社会中寻求归属感、意义与目的，认为个人的行为受其对生活的目标与意义的追求影响。阿德勒的理论深刻影响了心理治疗与教育领域，尤其是他对个体发展的独特理解。以下是阿德勒心理学中最具挑战性、最核心的 20% 的内容总结，能覆盖整个理论的 80%，并且提供了一个针对这些内容的学习计划。

核心内容

1. 社会兴趣

社会兴趣是阿德勒心理学的核心概念之一。它是指个体对社会群体的关心和与他人建立健康、积极关系的能力。社会兴趣的高低决高低可以衡量个体心理健康和生活满意度。

2. 生活风格

生活风格是个体在早期经历中形成的独特行为模式，影响一个人如何面对生活中的挑战。它是基于早期家庭环境、个人经验及自我认知形成的。

3. 追求优越

阿德勒认为所有行为都源自追求优越的动机，旨在弥补个体感知到的某些劣势或不足。个体通过不断努力来克服不安全感和自卑感。

4. 早期记忆

阿德勒认为早期记忆反映了个体的生活风格和对世界的基本看法。通过分析这些记忆，能够揭示个体潜在的心理结构和未解的心理冲突。

5. 自我意识与自我发展

阿德勒强调自我意识对个人成长和行为的影响。个体的自我发展与其所追求的生活目标紧密相关。

学习计划

第1阶段：基础理论理解（12周）

重点学习：

1. 了解社会兴趣的定义及其对心理健康的影响。
2. 掌握生活风格的概念及其形成过程。
3. 了解追求优越的基本理论，并思考它对个体行为的影响。

任务：列出自己或他人生活中的行为模式，尝试分析这些行为是否与生活风格和社会兴趣相关。

第2阶段：应用与深化理解（34周）

重点学习：

1. 深入理解自卑情结与补偿机制，分析自己或他人的补偿行为。

2.学习如何从早期记忆中提取个体的生活风格和潜在心理结构。

3.理解任务分离的概念，并尝试在实际生活中应用，学会分清自己与他人的责任。

任务：进行自我反思，记录一周内的情绪变化与行为，分析哪些是自卑情结或补偿的表现。

第3阶段：实践与自我调整（56周）

重点学习：如何在治疗中识别并应用阿德勒的核心概念。

任务：选择一个自我成长目标，并应用阿德勒的目标导向理论，设定步骤，逐步实现目标。

总结：

针对一门复杂的学科，我们可以要求 AI 整理出简洁的内容，在这里我们可以用二八法则：20% 的核心内容汇总涵盖 80% 的内容。这样的指令下，AI 输出的全部都是最重要的干货。

6.4 番茄工作法

应用场景：

当需要制订学习计划时，可以要求 AI 为你定制有个性化要求的计划。

无效提问：

暑假了，请帮一个初二的学生制订合理的学习计划。

无效提问的回答（AI 回答）：

制订一个合理的暑假学习计划时，需要平衡学习和休闲的时间。以下是一个初二学生暑假的学习计划的建议，可以根据个人情况进行调整：

确定学习目标

制定明确的学习目标，如提高某门学科的成绩、扩展知识领域或培养特定的技能。

每日学习时间

合理分配每天的学习时间，建议每天保持 3~4 小时的学习时间。

学科学习

根据个人的学习需要，制订学习计划，包括课本复习、做习题、阅读相关参考书等。

兴趣拓展

利用暑假时间培养自己的兴趣爱好，比如学习音乐、绘画、编程、运动等。

阅读计划

每天安排一定时间进行阅读，选择适合自己水平和兴趣的书籍，可以是小说、科普书、历史书等。

实践和探索

参加一些实践活动，如实地考察、社区志愿者工作、夏令营等，积累实际经验。

健康与休息

保持良好的作息时间，每天保证充足的睡眠，并适度参加户外活动和体育锻炼，保持身心健康。

时间管理

学会合理安排时间，避免拖延和浪费时间，制订学习计划并严格执行。

制定小目标

将整个暑假分为几个阶段，每个阶段设定一个小目标，达到小目标后给予自己适当的奖励。

自我评估

定期进行学习成果的自我评估，检查自己是否达到预定的学习目标，并对学习计划进行调整。

请记住，暑假也是休闲和放松的时间，要合理安排学习和娱乐活动，保持积极的心态，享受一个充实又愉快的假期！

有效提问：

结合番茄工作法，给初二的学生制订一天由浅入深的学习计划。

有效提问的回答（AI 回答）：

利用番茄工作法来制订初二学生的一天学习计划时，可以按照以下步骤进行：

早晨（番茄钟1）

25分钟：开始一天的学习，进行简单的复习和预习，例如浏览课本或回顾笔记。

上午（番茄钟2~4）

25分钟：专注学习一门主要学科，如数学、语文或英语，进行知识的学习和习题练习。5分钟：休息时间，放松眼睛，做些伸展运动。

午饭时间

30~60分钟：休息用餐时间，可以与家人或朋友聊天，放松身心。

下午（番茄钟5~7）

25分钟：继续专注学习一门学科，或者进行其他学习活动，如阅读、写作或实验。5分钟：休息时间，喝杯水、走动一下，放松身体。

下午茶时间

15~20分钟：享受一杯茶或小吃，放松一下思绪。

傍晚（番茄钟8~9）

25分钟：进行一门学科的复习，强化记忆，解答难题。5分钟：休息时间，进行深呼吸或做些眼保健操。

晚餐时间

60~90分钟：与家人共进晚餐，放松心情，聊天交流。

晚上（番茄钟10~12）

25分钟：进行学科复习，做题巩固知识。5分钟：休息时间，做些伸展运动，放松肌肉。

睡前（番茄钟 13）

25 分钟：进行轻松的阅读，如小说、杂志或喜欢的书籍。5 分钟：放松身心，进行冥想或呼吸练习。

请注意，以上时间安排仅供参考，学生可以根据个人情况和学习进度进行适当调整。确保合理安排休息时间，保持良好的作息习惯，并尽量避免过度疲劳。这样的学习计划可以帮助学生保持高效学习的状态，提高学习效果。在学习过程中保持积极的心态，享受学习的乐趣！

总结：

需要制订一个详尽的学习计划的时候，我们不妨让 AI 根据番茄工作法来制定有个性化要求的计划，这样我们就可以直接拿来用，省时又省力。

6.5 冰山模型

应用场景：

在重要的沟通场景中，我们可以提前运用专业的沟通模型（比如说"冰山模型")来向 AI 提问,掌握更多的沟通技巧。

无效提问:

我是一名保险销售,我马上要跟一位刚刚生了宝宝的年轻妈妈见面谈保单,如何沟通才能拿下这个订单?

无效提问的回答(AI 回答):

在与一位刚刚生了宝宝的年轻妈妈沟通保险事宜时,你要展现出对她的关心、理解和专业度。以下是一些建议,帮助你更有效地与她沟通并可能促成保单购买:

1. 建立信任

你先真诚地祝贺她成为新妈妈,并询问宝宝的情况,展示你的关心和善意。

简要介绍你的背景和你在保险行业的经验,让她知道你是专业的。

2. 了解需求

在沟通中积极倾听,了解她目前对于保险的需求和关注点。

询问她是否考虑过宝宝的未来规划,例如教育基金、医疗保障等。

3. 提供定制化方案

根据她的需求和预算,为她推荐适合的保险产品,并解释这些产品如何满足她的需求。

强调保险在提供家庭经济保障方面的重要性,以及早做规划的好处。

4. 清晰解释条款

使用简单易懂的语言解释保险合同的条款和细节,确保她完全理解。

强调保险产品的保障范围、理赔流程以及免除责任条款。

5. 解决疑虑

认真听取她对保险产品的疑虑或问题,并提供专业的解答和建议。

如有需要,可以提供其他客户案例或第三方评估报告来增加她对你的信任。

6. 提供额外服务

强调你将为她提供持续的保险服务,包括保单年检、理赔协助等。

如有需要,可以介绍其他与宝宝相关的服务或资源,如儿童健康保险计划、育儿讲座等。

7. 礼貌询问决定

在充分解释和讨论后,礼貌地询问她是否愿意购买推荐的保险产品。

如果她表示犹豫或需要更多时间考虑,你不要强求,而是表达理解并愿意提供进一步的帮助和支持。

8. 保持后续跟进

如果她未能在初次见面时做出决定,你可以在之后的几天或几周内跟进,了解她的考虑情况并提供进一步的帮助。

发送感谢邮件或短信,表达对她的关心,并对她的决定表示尊重。

9. 展示专业形象

在整个沟通过程中，保持专业、礼貌和耐心。

穿着得体，展现你的专业素养和对这次会面的重视。

10. 准备相关资料

带上与宝宝相关的保险产品资料、宣传册或宣传视频等，以便在沟通中展示和解释。

准备一些成功案例或客户评价，以增加她对你的信任和对产品的信心。

记住，每个客户都是独特的，因此你要根据她的具体情况和需求来调整沟通策略。通过真诚、专业和个性化的沟通，你更有可能赢得她的信任并促成保单购买。

有效提问：

我是一名保险销售，我马上需要跟一位刚刚生了宝宝的年轻妈妈见面谈保单，如何根据冰山模型来与她沟通，才能拿下这个订单？

有效提问的回答（AI回答）：

根据冰山模型，我们将深入探讨这位刚刚成为母亲的客户的内在需求和潜在动机，以便更有效地与她沟通并可能促成保单购买。以下是如何应用冰山模型进行沟通的建议：

一、显露的冰山一角（表层需求）

祝贺与了解：先表达对她成为新妈妈的祝贺，并询问关于宝宝的一些基本情况，以展现你对她的关心和兴趣。

保险需求询问：直接询问她是否考虑过为宝宝购买保险，以及她对保险产品的初步了解和期望。

二、隐藏的冰山部分（深层需求与动机）

1. 安全感与保障

强调保险对于家庭的重要性，特别是在宝宝成长的过程中，为家长提供经济上的保障和安全感。

询问她对于宝宝未来的担忧和期望，以便更准确地推荐适合的保险产品。

2. 教育规划

分析教育基金的重要性，并询问她是否考虑过为宝宝的未来教育做规划。

介绍具有教育金功能的保险产品，展示如何通过保险为宝宝的未来教育提供资金支持。

3. 健康与医疗

强调宝宝健康的重要性，并询问她是否考虑过为宝宝购买健康保险。

介绍适合宝宝的健康保险产品，解释其保障范围和理赔流程。

4. 遗产与传承

虽然可能对于年轻的父母来说较为遥远，但可以提及通过保险为宝宝留下遗产或传承家族价值观的可能性。

展示如何通过保险产品实现这一目的，并强调其长期性和稳定性。

三、沟通策略

1. 倾听与理解

在整个沟通过程中,保持倾听并努力理解她的需求和担忧,通过反馈和澄清来确保你准确理解了她的意思。

2. 专业建议

基于你对保险产品的了解和对她需求的把握,提供专业的建议和推荐。解释不同产品的优缺点,帮助她做出明智的决策。

3. 情感共鸣

尝试与她建立情感连接,让她感受到你不仅是一个销售人员,更是一个关心她和宝宝未来的人。通过分享自己的经验或故事来增强情感共鸣。

4. 解决疑虑

针对她可能存在的疑虑或问题,提供清晰、明确的解答。如果可能的话,提供相关的数据、案例或专家意见来支持你的观点。

5. 后续跟进

在初次沟通后,保持与她的联系并提供后续支持。如果她有任何问题或需要进一步的建议,随时准备提供帮助。

通过运用冰山模型来深入探索客户的内在需求和动机,并结合专业的建议和情感共鸣的沟通策略,你将更有可能赢得这位年轻妈妈的信任并促成保单购买。

总结：

对比这两种向 AI 提问的方式，你会发现要求 AI 按照冰山模型的方式来给销售建议时，销售人员可以走到用户内心的深处，探寻到对方更深层次的需求，那么销售成功的概率也大大提高。

6.6 艾宾浩斯遗忘曲线

应用场景：

在学习的过程中，可以让 AI 为你定制符合记忆规律的学习计划，你会事半功倍。

无效提问：

怎样才能学好认知心理学？

无效提问的回答（AI 回答）：

要学好认知心理学，以下是一些建议：

建立坚实的基础

认知心理学是一个涉及大量理论和概念的学科，建议先学习基础知识，包括认知过程、记忆、学习、思维等方面的基本理论和模型。

阅读经典著作

阅读经典的认知心理学著作，如皮亚杰、巴特莱特等的研究，可以帮助你了解该领域的重要理论和实验研究。

学习研究方法

掌握认知心理学的研究方法，包括实验设计、数据分析和统计方法等，这样你可以更好地理解和评估相关研究。

实践和应用

将学到的知识应用于实际问题和场景中，例如解决学习困难、提高记忆力、优化思维过程等，通过实践加深对认知心理学的理解。

参与研究项目

如果条件允许，积极参与相关的研究项目或实验室工作，这将提供更深入的学习和实践机会。

合作和讨论

与其他学习认知心理学的人合作和讨论，互相交流和分享知识，加深理解并拓宽视野。

持续学习和更新知识

认知心理学是一个不断发展和演进的领域，要保持学习的状态，关注最新的研究成果和学术讨论。

最重要的是保持兴趣和热情。认知心理学是一个有趣而复杂的领域，只有持续学习和实践，你才能不断提升自己的认知心理学水平。

有效提问：

我最近正在学习认知心理学，请结合艾宾浩斯遗忘曲线帮我制订学习计划，让我能够更长时间地掌握知识和技能。

有效提问的回答（AI回答）：

学习认知心理学时，结合艾宾浩斯遗忘曲线可以帮助你更长时间地掌握知识和技能。以下是一个基于艾宾浩斯遗忘曲线的学习计划建议：

分散学习

避免将学习时间集中在一天或几天内，而是将学习时间分散到较长的时间段。例如，每天花30分钟到1小时的时间学习认知心理学的内容，而不是连续几个小时。

复习计划

根据艾宾浩斯遗忘曲线，安排定期的复习计划。在学习新知识后的第一天复习一次，然后在第二天、第七天、一个月后再次复习。这样的复习间隔有助于巩固记忆并减缓遗忘的速度。

复习方式

使用多种复习方式，例如阅读教材、笔记、讲解给他人听、制作思维导图等，有助于你从不同角度理解和记忆知识。

主动学习

参与主动学习，例如通过解决问题、讨论和实践来加深对认知心理学概念和理论的理解，你会提高学习的效果和记忆的持久性。

运用知识

将学到的知识应用到实际问题和场景中，例如解决认知障碍、提高学习效果、改善记忆力等。运用知识有助于你加深理解并巩固记忆。

反复复习

在学习过程中，要复习已学过的内容，特别是那些你觉得记得不牢固的部分。反复复习有助于加强记忆和保持长期记忆。

记住，持续学习和实践是关键。通过结合艾宾浩斯遗忘曲线的学习计划，你可以更好地掌握认知心理学的知识和技能，并使其更长时间地保持在你的记忆中。

总结：

AI 是我们非常好的学习助手。在学习新的学科前，尤其对于需要记忆的部分，我们可以让 AI 结合艾宾浩斯遗忘曲线来帮我们制订学习计划，这样更加合理和科学。

6.7 西蒙学习法

应用场景：

处于学习的场景下，我们可以向 AI 提出具体指令，即具体的学习方法。尤其是在需要持续学习、提高注意力的情境下，我们可以试试西蒙学习法。

无效提问：

今年暑假如何提高小学二年级小朋友的数学成绩？

无效提问的回答（AI 回答）：

在今年暑假，想要提高小学二年级小朋友的数学成绩，我们可以从以下几个方面着手：

1. 巩固基础知识

复习和强化基本概念：针对二年级的数学知识点，如加减法的计算、数字的认识、简单的乘法口诀等，进行系统的复习和强化。家长或老师可以准备一些练习题，让孩子进行练习，巩固基础知识。

利用数学游戏：通过趣味数学游戏（如数独、拼图等），提高孩子对数学的兴趣，让学习变得更加生动有趣。这些游戏不仅可以帮助孩子巩固基础知识，还可以锻炼他们的逻辑思维和解决问题的能力。

2. 制订学习计划

设定明确目标：根据孩子的实际情况，设定一个明确的数学成绩提升目标。例如，设定在暑假期间，每天完成一定数量的练习题，掌握某个数学知识点等。

制订学习计划。可以参考参考文章 2 中的学习计划：制订一个详细的学习计划，包括每天的学习时间、学习内容等，让孩子在暑假期间有规律地学习数学。

3. 培养学习习惯

坚持学习：要求孩子按照学习计划坚持学习，不断积累数学知识，提高数学成绩。

及时复习：鼓励孩子在学习新知识后，及时复习已学内容，巩固记忆，避免遗忘。

独立完成作业：让孩子独立完成数学作业，培养他们的自主学习能力。家长或老师可以适时给予指导和帮助。

4. 提供辅导和支持

耐心讲解：家长或老师在与孩子互动时，要耐心细致地讲解数学概念和解题方法，确保孩子真正理解和掌握。

鼓励支持：在孩子遇到困难和挫折时，要给予他们充分的鼓励和支持，让他们保持学习数学的信心和动力。

在暑假期间，通过以上四个方面的努力，小学二年级小朋友的数学成绩会有所提高。同时，家长和老师也要关注孩子的心理健康，让他们在学习数学的过程中保持愉悦和积极的状态。

有效提问：

今年暑假如何用西蒙学习法来提高小学二年级小朋友的数学成绩？

有效提问的回答（AI回答）：

西蒙学习法强调通过系统化、分阶段的学习和反馈来提高学生的学习效果。下面是如何在暑假期间使用西蒙学习法来提高二年级小朋友数学成绩的建议：

1. 制定清晰的学习目标

西蒙学习法的第一步是设定明确的目标。对于小学二年级的学生，可以根据他们当前的数学水平来设定阶段性目标。这些目标不需要过于复杂，但要具体和可量化。例如：

基础目标：掌握加法和减法的基本技巧。
进阶目标：理解并应用乘法的概念。
挑战目标：解决一些简单的应用题或数学游戏。

2. 分解任务，逐步学习

西蒙学习法提倡将学习内容分解成小块，循序渐进地掌握。对于二年级学生来说，数学学习的内容可以通过以下步骤来分解：

加法和减法：可以从一位数加减法开始，逐步过渡到两位数加减法，再到有进位或借位的加减法。

乘法基础：乘法是加法的重复，可以用实际物品（如小石子、糖果）来帮助他们理解。

解决问题的能力：通过简单的应用题，让学生在实际问题中找出数学解法，例如"我有5个苹果，妈妈又给我3个，我一共有多少个苹果？"

3. 利用反馈不断调整学习方法

西蒙学习法强调学习过程中的反馈机制。对于小学生来说，及时的反馈可以帮助他们纠正错误，保持学习兴趣。每完成一个小任务后，要及时检查孩子的回答，指出正确和错误的地方，并给予鼓励。

4. 使用互动和游戏化的学习方式

为了让孩子保持兴趣，结合西蒙学习法，将数学学习变得更加有互动性和有趣，可以做一些数学游戏或者趣味练习，比如：

数学卡片：做加法和减法的卡片，每张卡片上有一道数学题，孩子每答对一题就可以获得奖励。

数学应用题：通过实际生活场景中的数学问题（如买东西时的找零、分享食物的平均分等）来让孩子体会到数学的实用性。

网络游戏或数学 App：现在有许多数学学习游戏和应用程序，能够在娱乐中提高孩子的数学能力。

5. 安排定期复习和检测

西蒙学习法的一个关键点是定期的复习和检测。每天或每周安排一定的时间回顾之前学过的知识，帮助孩子巩固所学的内容。可以通过以下方式进行复习：

每周回顾：每周进行一次回顾，复习加法、减法和乘法等内容。

练习册：使用数学练习册或在线资源，进行小测试和自测，帮助孩子检测自己掌握的程度。

6. 逐步增加挑战，提升学习信心

设定适当的挑战目标，可以帮助孩子在感到有成就感的同时，不断提高他们的数学能力。比如：

逐步提高难度：孩子掌握基本技能后，可以挑战一些稍微复杂的题目。

设定奖励机制：在孩子达成某个目标时，给予小奖励。

7. 情感支持与鼓励

西蒙学习法还注重学生的情感和心理状态。对于小学二年级的学生来说，学习数学时需要更多的支持和鼓励。可以通过以下方式提供情感支持：

激励与鼓励：遇到困难时，多给孩子鼓励，帮助他们建立自信。

培养兴趣：可以通过玩数学游戏、讲数学故事等方式激发他们的兴趣。

西蒙学习法有助于二年级学生在暑假期间逐步提高数学成绩。关键是通过设定明确的目标、分解任务、持续反馈、游戏化学习、定期复习及情感支持，帮助孩子在轻松愉快的氛围中掌握数学知识。这样不仅能提高他们的数学能力，还能让他们对学习产生兴趣，培养长期的学习习惯。

总结：

相比这两种提问方式，无效提问比较宽泛，所以 AI 的回答也是泛泛而谈，没有太大的价值。而有效提问中增加了"西蒙学习法"这个指令，AI 的回答更加有针对性，更加有抓手，对于在暑假如何提升二年级小朋友数学成绩有了更加清晰的方法和路径。西蒙学习法的指令适合强调持续学习、集中注意力、注重实践应用的情境。

6.8 逆向思维

应用场景：

为了实现目标，我们可以要求 AI 打破常规，以终为始用逆向思维设计方案。

无效提问：

如何在亲子家教赛道短视频领域快速涨粉并实现变现？

无效提问的回答（AI 回答）：

在亲子家教赛道，要快速涨粉并实现变现，可以考虑以下策略：

定位目标受众：明确定位你的目标受众群体，例如年龄段、家长身份、教育背景等，以便更好地针对他们的需求和兴趣进行内容创作。

提供有价值的内容：为了吸引更多观众，你要提供有价值的内容，包括实用的亲子教育知识、育儿经验分享、教育游戏和活动等。确保你的内容有足够的深度和专业性，能够解决观众的问题和关切。

创意和多样化的内容形式：除了传统的教育讲解，尝试运用创意和多样化的内容形式，如亲子互动游戏、趣味挑战、故事讲解等。这样能够增加观众的参与度和留存率。

高质量的制作和剪辑：短视频平台对视频质量要求较高，尽量提升视频的制作和剪辑水平，注意画面的清晰度、音频的质量及视频的流畅性。这样能够给观众留下良好的观看体验，增加他们的关注和分享欲。

社交媒体互动：积极参与社交媒体的互动，包括回复观众的留言、提供个性化建议和答疑等，从而建立良好的互动关系，增加观众的忠诚度和黏性。

跨平台推广：除了在短视频平台上发布内容，还可以考虑在其他社交媒体平台上推广，如微信公众号、微博等。通过跨平台推广，扩大观众范围，提高品牌知名度和曝光度。

合作和赞助机会：积累一定的粉丝基础后，可以寻求与相关品牌、机构或平台的合作和赞助机会，例如推广合作、品牌代言等，从而实现变现。

请注意，短视频行业竞争激烈，需要不断创新和提升自身实力。除了以上策略，关键的成功因素还包括持续的努力、坚持的态度和对观众需求的敏感性。

有效提问：

请使用逆向思维帮我在亲子家教赛道短视频领域快速涨粉并实现变现的3个方法。

要求：先要确定问题，第一列输出使得问题变得糟糕的后果，第二列输出反转后的结果，通过这种方式来获得正确答案。

有效提问的回答（AI回答）：

如何在亲子家教赛道短视频领域快速涨粉并实现变现？

使问题变得糟糕的后果	反转后的结果
缺乏观众吸引力	提供有趣的亲子互动内容
广告效果不佳	创造有趣的品牌合作和赞助机会
缺乏变现途径	打造个人品牌和产品线

通过逆向思维,我们可以找到解决问题的对策:

使问题变得糟糕的后果:缺乏观众吸引力。

反转后的结果:提供有趣的亲子互动内容。

创建有趣的亲子挑战和游戏,鼓励家长和孩子一起参与,增强互动性和趣味性。

设计创意的教育活动和 DIY 手工项目,激发孩子的学习兴趣和动手能力。

制作有趣的亲子故事时间,讲述寓教于乐的故事,吸引家长和孩子的关注。

使问题变得糟糕的后果:广告效果不佳。

反转后的结果:创造有趣的品牌合作和赞助机会。

与亲子品牌合作,推出联合品牌活动或限时优惠,吸引家长的关注和购买欲望。

设计有趣的品牌挑战或亲子任务,鼓励观众参与并与品牌互动,增加品牌曝光和口碑效应。

寻找与亲子教育相关的赞助商,如玩具、图书或教育机构,建立长期合作关系,共同推广品牌和产品。

使问题变得糟糕的后果：缺乏变现途径。

反转后的结果：打造个人品牌和产品线。

建立个人品牌，包括专属商标和口号，提升知名度和辨识度。

推出个人品牌产品线，如亲子教育工具、教育玩具或亲子活动套装，增加收入来源。

开设线上课程或工作坊，分享亲子教育知识和技巧，提供付费服务并培养忠实粉丝。

通过逆向思维，我们可以从问题的反面角度找到解决方法，在亲子家教赛道短视频领域快速涨粉并实现变现。

总结：

让AI帮我们设计一个方案的时候，如果是普通提问，它给的是一些策略，并不实用，启发性也并不强。但是，我们在指令中让它加入逆向思维后，就像在这个亲子家教赛道短视频领域快速涨粉并实现变现的主题下，可以看到非常有价值、有意义的对比和方案。

6.9
OKR 工作法

应用场景：

我们在完成工作任务的过程中，可以通过向AI提出要求，制订特定的工作计划，帮助我们达成目标。

无效提问：

作为一个大健康行业的销售，我要在今年完成 100 万元的销售业绩，请问怎样才能完成？

无效提问的回答（AI 回答）：

要在大健康行业作为销售完成 100 万元的业绩，需要有一个明确的策略和行动计划。以下是一些建议步骤，帮助你实现这一目标：

明确目标客户群

确定你的产品或服务最适合哪些客户群体（例如老年人、健身爱好者、慢性病患者等）。

对目标客户进行深入研究，了解他们的需求和购买偏好。

制定销售策略

根据产品特性和目标客户，制定有针对性的销售策略。

设定具体的销售目标，例如每月或每季度需要完成的销售额。

提升产品知识

深入了解你所销售的产品或服务，包括其优点、功能、适用人群等。

学习行业知识，以便能够更好地与客户沟通并解答他们的问题。

建立销售渠道

线上渠道：利用社交媒体、网络平台、电子邮件营销等方式提升产品曝光度。

线下渠道：参加行业展会、举办产品推介会、与合作伙伴建立合作关系等。

建立客户关系

主动联系潜在客户，建立信任关系。

定期回访已购买客户，了解产品使用情况，并提供售后服务。

建立客户数据库，分析客户信息和购买记录，以便进行后续的精准营销。

提供优质的客户服务

确保客户在购买和使用过程中获得良好的体验。

及时响应客户的问题和投诉，并寻求解决方案。

进行销售数据分析

跟踪销售数据，分析销售趋势和客户行为。

根据数据分析结果调整销售策略和渠道。

寻求合作与联盟

与其他大健康行业的企业或机构建立合作关系，共同开拓市场。

参与行业组织或协会，扩大人脉资源。

举办促销活动

在重要节日或销售淡季举办促销活动，吸引客户购买。

设计有吸引力的优惠政策和赠品，提高客户购买意愿。

持续学习与提升

关注行业动态和新技术发展，不断更新自己的知识和技能。

参加销售培训和研讨会，提升销售技巧和谈判能力。

制订跟进计划

对于潜在客户，制订详细的跟进计划，确保不会错过任何销售机会。

对于已购买客户，保持定期联系，提供后续服务和支持。

激励与奖励机制

为自己设定激励目标，例如完成一定销售额后给自己一些奖励。

可以设立团队激励政策，提高团队凝聚力和积极性。

灵活调整策略

根据市场变化和客户需求，灵活调整销售策略和渠道。

保持对市场动态的敏感度，以便及时抓住新的销售机会。

通过实施以上步骤，你将能够更好地完成100万元的销售业绩。不过请注意，每个市场和客户群体都有其独特性，因此在实际操作中需要根据具体情况进行调整和优化。

有效提问：

作为一个大健康行业的销售，我要在今年完成100万元的销售业绩，请使用OKR（目标与关键结果）工作法帮我制订一个销售计划来完成任务。

有效提问的回答（AI 回答）：

使用 OKR 工作法来制订销售计划，可以帮助你清晰地设定目标、衡量成果并确保执行过程中的持续推进。OKR 的核心思想是设定一个清晰且有挑战性的目标，并通过一系列可衡量的关键结果来衡量目标的完成情况。以下是一个为你定制的销售计划，帮助你实现 100 万元销售业绩的目标：

1. 目标（objective）

今年完成 100 万元销售业绩（销售额）。

这是你明确的核心目标，具有挑战性，同时也具备可执行性和量化标准。

2. 关键结果（key results）

为了达到 100 万元的销售目标，要将这一目标拆解成更具体、可衡量的关键结果，便于跟踪进展和调整策略。以下是一些建议的关键结果：

关键结果 1：每月完成销售额至少 8.33 万元（100 万元/12 个月）

每个月的销售目标是 8.33 万元，通过分阶段进行目标达成，有助于避免最后阶段的业绩压力。

关键结果 2：每月至少联系 100 个潜在客户

通过扩大客户基础，提高转化率。将客户联系数量作为一个关键结果，确保销售机会增加。

关键结果 3：每月成功转化至少 20 个客户

转化率是关键，确保每个月的潜在客户中有一定比例转化为实际客户。

3. 行动计划（actions）

具体的行动计划可以帮助你高效执行OKR，确保关键结果达成。

（1）客户开发

客户细分：根据潜力、需求等方面划分不同客户群体，有针对性地制定销售策略。

渠道拓展：利用线上渠道（社交媒体、网站等）、电话营销、拜访等方式扩大客户基础。

客户筛选：根据历史数据、行业情况筛选出优质的潜在客户，专注高质量的客户群体。

（2）销售提升

定期跟进：通过邮件、电话、微信等多种方式保持与潜在客户的联系，避免销售机会流失。

定期回访：对已有客户进行定期回访，了解他们的需求变化，及时推荐相关产品或服务。

提升谈判技巧：每周练习销售话术和谈判技巧，提升应对客户异议和问题的能力。

（3）提升个人能力

专业知识学习：每月参加至少两次产品知识学习，确保自己对产品、市场和行业趋势有深入了解。

销售技巧提升：参与在线销售课程、阅读销售书籍或进行同行交流，提升自己的销售策略。

时间管理：利用日程表规划每日工作，避免无效时间浪费，确保时间分配给高效的客户接触和沟通。

通过以上 OKR 销售计划，你可以明确自己的方向和行动步骤，确保每个月、每个阶段都能稳步达成销售目标，最终完成 100 万元的销售任务。

总结：

对于完成工作任务类的问题，可以在 AI 提问中指定一些专业的方法工具，你会发现 AI 的回答会让你惊艳。

6.10 类比

应用场景：

对于新内容，传统的解释会让我们一下子难以理解，但可以要求 AI 通过与我们熟悉的内容做类比来降低理解的难度。

无效提问：

请问什么是区块链？

无效提问的回答（AI 回答）：

区块链是一种去中心化的分布式账本技术，通过使用密码学、共识算法确保数据的安全性和一致性。它是由一系列被称为区块的数据记录组成的链条，每个区块都包含一些交易或信息，并且通过哈希值与前一个区块链接在一起。

区块链的主要特点

去中心化：区块链没有中心化的控制机构，而是由网络上的多个节点共同维护和验证数据。

不可篡改性：一旦数据被记录在区块链上，几乎无法被修改或删除。每个区块都包含了前一个区块的哈希值，任何对数据的篡改都会被其他节点察觉到。

透明性：区块链中的数据是公开可查的，任何人都可以查看和验证交易记录，从而增加了透明度和信任。

高安全性：区块链使用密码学技术来保护数据的安全性，确保交易的机密性和身份的验证。

区块链技术最初被应用于加密货币领域（如比特币），但现在已被广泛运用于各个行业，包括金融、供应链管理、医疗保健等。它提供了一种安全、透明和可靠的数据交换与存储方式，可以改变传统的商业模式和信息管理方式。

有效提问：

请解释一下区块链的含义，为了方便我理解，请把区块链比作互联网。

有效提问的回答（AI 回答）：

好的，为了方便理解，可以将区块链比作互联网的一个特定部分。

互联网是一个全球性的网络，连接了世界各地的计算机和设备。人们可以通过互联网进行信息传递、数据交换和资源共享。类比互联网，我们可以将区块链视为互联网中的一个特定功能，用于记录、验证数据的安全性和可靠性。

在互联网中，我们可以发送电子邮件、浏览网页、进行在线交易等。而在区块链中，我们可以创建一个分布式的账本，用于记录交易或其他信息。这个账本由许多计算机节点组成，每个节点都保存了相同的数据副本，并通过共识算法来达成一致。

类似于互联网中的网页，区块链中的数据被分成一系列区块，并且每个区块都包含一些记录。这些区块被链接在一起，形成一个链条，就像互联网中的网页链接形成一个网站。

区块链的数据是公开可查的，任何人都可以查看和验证交易记录。通过使用密码学技术，区块链确保了数据的安全性和一致性。一旦数据被记录在区块链上，几乎无法被修改或删除，这增加了数据的可信度和可靠性。

总之，区块链可以看作是互联网中的一种特定技术，用于记录、验证数据的安全性和可靠性。它提供了去中心化、不可篡改、透明和安全的数据交换和存储方式，可以改变许多行业的商业模式和信息管理方式。

总结：

我们接触到一个新的领域，在普通的提问下，AI 的回答往往比较专业，理解有门槛。但是，我们在指令当中加上类比对象后，就像在这个案例中，让 AI 把区块链比作互联网，这样我们对新知识的理解会更加容易。

6.11 设定 AI 文本风格

应用场景：

写一篇描写春天的郊游作文。

无效提问：

请写一篇 100 字左右的春游作文。

无效提问的回答（AI 回答）：

春日暖阳，我们踏上了春游之旅。花海中绽放的鲜花，森林中的清新空气，草原上的奔跑嬉戏，每一个场景都让我们陶醉其中。我们追逐欢笑，享受大自然的恩赐。春游让我们感受到了春天的魅力，也增进了友谊。美好的回忆将伴随着我们，期待下一次春游的到来。

有效提问：

请以金庸作品的风格为我写一篇 100 字左右的春游作文，描述春光明媚、花开如海的景象，以及人们欢快的心情。

有效提问的回答（AI 回答）：

春光明媚，微风拂面。万紫千红，花开如海。春游时节，游人如织，笑语盈耳。花海中，只见姑娘们身穿绚丽的锦衣，手持彩纸风筝，放飞心中的梦想。男子们则挥毫泼墨，写下自己的壮志豪情。此情此景，怎不让人陶醉其中？游人仿佛置身于金庸笔下的江湖，身临其境，恍若隔世。

总结：

我们可以要求 AI 以特定的作家风格进行文本创作，让生成的文本更具特色和趣味性。在这个例子中，通过设定金庸的风格，AI 以其独特的笔法和描写方式，为我们创作了一篇春游作文，让我们仿佛置身于金庸笔下的江湖世界。这个技巧可以用于创作文学作品、模仿特定作家的风格，或者以特定口吻生成创意性的文本。

6.12
指定学习时间

应用场景：

当希望快速学习一门学科时，你可以用时间限制，以此请求 AI 帮忙设定学习计划和学习方法。

无效提问：

怎样快速学习西班牙语？

无效提问的回答（AI 回答）：

要快速学习西班牙语，可以考虑以下几个方法：

制订学习计划：制订一个明确的学习计划，确定每天的学习时间和目标，确保持续学习。

注册在线课程或参加语言班：选择合适的在线课程或参加语言学校的西班牙语课程，由专业教师进行指导和辅导。

利用语言学习应用程序：下载并使用语言学习应用程序，如Duolingo、Rosetta Stone等，通过练习听力和口语来提高语言水平。

听西班牙语音频和观看视频：借助西班牙语音频和视频资源，如歌曲、电影、电视剧、播客等，提升听力和口语能力。

练习口语和对话：与母语为西班牙语的人进行对话练习，或参加语言交流活动，提升口语表达能力。

多读和多写：阅读西班牙语书籍、新闻文章、博客等，增强词汇量和语法理解，并尝试写作练习。

创造语言环境：令自己沉浸在西班牙语环境中，如观看西班牙电影、听西班牙音乐、使用西班牙语社交媒体等，加强语言感知和理解。

寻找语言交换伙伴：寻找一个以西班牙语为母语的语言交换伙伴，进行语言互换，互相学习和练习对方的母语。

复习和巩固：定期回顾所学内容，进行复习和巩固，通过练习题和测试来检验自己的掌握程度。

持之以恒：学习语言需要坚持和耐心，保持积极的学习态度，每天一点点地进步，相信自己能够掌握西班牙语。

记住，学习语言需要时间和努力，关键是持续学习和实践。与母语为西班牙语的人交流，沉浸在语言环境中，并尽可能多地练习听、说、读、写，这样才能更快地掌握西班牙语。

有效提问：

我想学习西班牙语，帮我制订一个 30 天的学习计划，让我这样的初学者可以学习并提高这项语言技能。

有效提问的回答（AI 回答）：

当然！以下是一个为期 30 天的西班牙语学习计划，旨在帮助初学者学习并提高西班牙语技能。

第 1~5 天

学习基本的问候语和介绍自己的表达方式。学习西班牙语的发音规则，并练习口语练习。

第 6~10 天

学习基本的日常用语，如购物、订餐、问路等。练习听力理解，通过听西班牙语音频或观看简单的西班牙语视频。

第 11~15 天

学习常用的动词和时态，如现在时、过去时和未来时。练习构建简单的句子，描述日常活动和经历。

第 16~20 天

学习数字、时间和日期的表达方式。扩展词汇量，学习关于家庭、工作、兴趣爱好等方面的词语。

第 21~25 天

学习常用的短语和习惯用语，以增强口语表达的流利度。尝试模仿和跟读西班牙语对话，提高口语技能。

第 26~30 天

阅读简单的西班牙语文章或故事,加强阅读理解能力。尝试写作练习,如写日记、短信或简单的文章,巩固所学语法和词汇。

每天的学习时间建议为 1~2 小时,可以根据个人情况进行调整。同时,推荐使用一些学习资源,如在线课程、语言学习应用程序、词汇卡片或学习社区,以辅助学习。

重要的是保持每天的学习和练习,并与母语为西班牙语的人进行交流和实践。与语言交换伙伴进行对话练习,听取西班牙语音频和观看视频,以增强听力和口语能力。

通过 30 天的持续学习和实践,你将学习到一定的西班牙语基础,掌握常用的词汇和句型,并能够进行简单的日常对话。记住,坚持和积极的态度是学习成功的关键!祝你学习愉快,掌握西班牙语技能!

总结:

你可以利用 AI 更快地学习新知识。同样是学习西班牙语,但是在前面的提问当中要求快速学习,后面的提问要求 30 天内学会,大家可以看到,在不同的指令下,AI 给出的建议是完全不一样的。提问越具体越好,越个性化越好。

6.13
另一种选择

应用场景：

通过下达相关指令，可以让 AI 在同一个场景下提供多种解决方案。

无效提问：

在火车即将撞向五个人和一个人的轨道的情形下，你应该让火车改变路线吗？

无效提问的回答（AI 回答）：

这个问题涉及伦理和道德的考量，不同的人可能有不同的观点和立场。这种情况下，有一种经典的伦理困境被称为"无差别杀人"，其中一个常用的思维实验就是你提到的火车撞人情景。

在这个情景中，没有一个简单的正确答案。决策取决于个人的伦理观点和价值观。有些人可能会选择不干预，坚持不应主动采取行动造成更多的伤亡。而另一些人则可能会选择采取行动，试图最大限度地减少伤亡人数。

值得注意的是，现实生活中很少会遇到如此极端的情况。这个思维实验主要用于讨论伦理和道德的复杂性，而不是给出明确的行动指南。

最重要的是，无论你做出什么决定，都应该基于对道德和伦理原则的深思熟虑，并尊重生命的尊严和价值。

有效提问：

在火车即将撞向五个人和一个人的轨道的情形下，你应该让火车改变路线吗？有哪些可以考虑的观点？

有效提问的回答（AI 回答）：

在火车即将撞向五个人和一个人的轨道的情况下，是否应该让火车改变路线，涉及伦理困境，有几种不同的观点可以考虑：

功利主义观点：从功利主义的角度来看，关注的是最大化整体的幸福或最小化整体的伤害。在这种情况下，有人可能会认为改变火车的路线以拯救五个人是更好的选择，因为这将导致整体上的最大幸福或福祉。

权利伦理观点：权利伦理观点强调个人的权利和自主权。根据这个观点，每个人都有平等的生命权，故意伤害一个人来拯救其他人将侵犯其权利。因此，火车应该保持原来的路线。

德性伦理观点：德性伦理强调培养良好的品德特质。在这种情况下，一个具有良好品德的人可能会考虑勇气、同情心和正义等因素。他会仔细评估情况，并根据自己对道德正确性的理解做出决定。

义务伦理观点：从义务伦理的角度来看，一个人可能会考虑遵循某种道德原则或义务，比如"不要伤害他人"或"不要故意夺取生命"。这种观点会反对有意改变火车的路线并伤害一个人。

需要注意的是，这些观点代表了不同的伦理框架，没有普遍认可的答案。这样的伦理困境常常引发辩论和反思，不同的人可能会根据自己的信仰、价值观和伦理框架持有不同的观点。

总结：

还有哪些可以考虑的观点？不要局限在一种观点上。要有创意，学会多角度思考。AI 在处理复杂问题时，可以根据不同的输入、条件或需求，结合多种算法和策略，提供不同的思路与选择。此外，通过算法和智能推理，AI 能够动态调整回答的生成过程，快速提供新的解决方案。

6.14 根据 + 某个信息来源

应用场景：

有时候由于范围太大，不聚焦，AI 会出现一本正经地胡说八道，为了杜绝这种情况发生，可以缩小它的范围。

无效提问：

穷人和富人的区别是什么？

无效提问的回答（AI 回答）：

穷人和富人之间的区别涉及多个方面，包括财务状况、生活条件、教育机会、社会地位等。以下是一些可能存在的区别：

财务状况：穷人通常面临经济困难，收入相对较低，可能难以满足基本生活需求。而富人则拥有更多的财富和资产，生活水平更高。

生活条件：富人可能居住在更好的住房环境中，拥有更多的资源和便利设施，拥有豪宅、高端车辆和奢侈品。穷人可能生活在基本住房中，面临更多的生活挑战。

教育机会：富人通常能够获得更好的教育机会，可能有更多的选择权利和资源来接受高质量的教育。相比之下，穷人可能面临教育资源的限制，难以获得同样的教育机会。

社会地位：富人往往在社会中拥有更高的地位和影响力，他们可能在商业、政治和社会领域中扮演重要角色。而穷人可能面临社会边缘化和不平等的挑战。

需要注意的是，这些区别并不意味着所有穷人都具有相同的特征，或者所有富人都具有相同的特征。每个人的经历和情况都是独特的，这些区别只是对整体趋势的一种描述。此外，财富和贫困不应仅仅用金钱来衡量，还应考虑其他因素，如人际关系、健康状况和个人幸福感等。

有效提问：

穷人和富人的区别是什么？请根据《有钱人和你想的不一样》这本书进行回答。

有效提问的回答（AI回答）：

根据《有钱人和你想的不一样》这本书，穷人和富人之间的区别主要表现在以下几个方面：

思维方式：富人通常具有积极的思维方式，注重积累财富和实现目标。他们更加乐观、自信，愿意冒险并追求成功。相比之下，穷人可能更容易受到消极的思维方式和负面情绪的影响。

金钱观念：富人更加重视金钱的积累和管理，注重财务规划、理财投资和资产增值。他们倾向于将金钱视为一种工具，用来实现自己的目标和创造更多的机会。而穷人可能更倾向于消费和即时满足需求，对金钱管理较为松散。

学习与成长：富人具有持续学习和成长的意识，不断提升自己的技能和知识，寻求机会和挑战。他们善于从失败中吸取经验教训，并转化为进一步的成长机会。相比之下，穷人可能对学习和成长的重视程度较低。

社交圈和人际关系：富人更加注重与成功人士建立联系，倾向于与积极向上、有智慧和成功的人交往，通过这些人际关系获取信息和机会。穷人可能更多地与经济状况同样的人为伍，人际关系网络较为有限。

需要注意的是，这些区别并非普遍适用于所有富人和穷人，每个人的情况和经历都是不同的。这些区别仅是对一些普遍趋势的描述，并不能代表每个个体的具体状况。此外，财富并不仅仅是衡量一个人成功与否的标准，个人的价值和幸福感还包括其他方面的因素。

总结：

AI的信息来源非常庞杂，当你需要一个精准且可靠的信息来源时，你就可以用"根据"这个指令，加上具体的信息来源，从而确保获得的数据或观点具有权威性和准确性。通过这种方式，AI能够更有针对性地从指定的资料中提取信息，而不是从广泛的、可能杂乱无章的来源中随机筛选。

6.15
生成提示

应用场景:

在陌生领域,你可以请 AI 为你生成提示。

无效提问:

如何做一个帮助人们"正念冥想"的 App?

无效提问的回答(AI 回答):

要开发一个帮助人们进行正念冥想的 App,你可以按照以下步骤进行:

(1)确定目标用户群体:确定 App 的目标用户群体,例如初学者、有经验的冥想者、压力管理者等等。这有助于你更好地了解他们的需求和期望。

(2)设计用户界面:创建一个直观、易用和美观的用户界面。确保用户可以轻松找到冥想练习、音频指导或其他功能。

(3)提供冥想练习:设计和开发一系列的冥想练习,包括不同长度和类型的冥想,如呼吸冥想、身体扫描、爱心冥想等。确保针对不同的用户需求和经验水平提供多样化的选择。

（4）音频指导：为每个冥想练习提供音频指导，以帮助用户专注和放松。可以邀请专业的冥想教师录制音频，或者使用已有的冥想指导资源。

（5）定时和提醒功能：允许用户设置冥想的时间和频率，并通过提醒功能帮助他们保持冥想的习惯。

（6）追踪和记录功能：提供追踪和记录用户冥想进展与体验的功能，包括冥想时长、心率、注意力集中度等指标，帮助用户了解他们的进展并提供反馈。

（7）社交互动：创建一个社区或论坛，让用户能够与其他冥想者交流、分享经验和互相支持。

（8）冥想资源：提供有关冥想的文章、视频或其他资源，帮助用户学习更多关于冥想的知识，并深化他们的练习。

（9）数据保护和隐私：确保用户的个人信息和冥想记录得到保护，并遵守适用的隐私法规。

（10）不断改进和更新：持续关注用户反馈，改进 App 的功能和用户体验。定期更新内容，添加新的冥想练习和功能。

在开发 App 的过程中，最好与冥想教师或专家合作，以确保提供准确、有用的冥想指导和资源。

有效提问：

你是一个旨在帮助人们"正念冥想"的 App，请生成 10 个最佳提示，提示应该与"正念冥想"主题有关。

有效提问的回答（AI 回答）：

当谈到"正念冥想"主题时，这是一些与之相关的最佳提示：

注意呼吸：关注你的呼吸，将注意力集中在每次呼吸的感受上。

身体感知：通过身体感知练习，觉察身体各个部位的感觉和变化。

接纳当下：以开放的心态接纳当前的思绪、感受和情绪，不加判断地体验。

心理扫描：用冥想的方式扫描自己的内心，觉察和接纳不同的情绪和想法。

感恩与善意：培养感恩和善意的心态，向自己和他人表达关怀和感谢。

慢下来：在快节奏的生活中，给自己留出时间慢下来，关注内心的平静。

自我关爱：用正念冥想给自己创造宁静和放松的时刻。

感知自然：将冥想的注意力放在大自然中，感知自然界的美和平静。

声音冥想：聆听周围的声音，将注意力集中在音乐、自然声音或冥想指导中。

持续实践：坚持每天做冥想练习，积累正念冥想的力量和效果。

这些提示将有助于你在正念冥想的旅程中获得更深入的体验和福祉。

总结：

当要涉足一个陌生的领域时，可以请 AI 帮助你生成与该主题有关的 10 个提示，再用这些提示来向 AI 提问。

6.16
决策评估

应用场景：

做一项重要决策前，你可以问问 AI，以便更好地权衡利弊。

无效提问：

如果我现在从公司裁员 30 人，会有什么后果？

无效提问的回答（AI 回答）：

裁员对公司和员工都可能带来一系列后果，具体情况取决于多种因素。以下是一些可能的后果：

影响员工士气：裁员可能导致剩下的员工感到不安和焦虑，担心自己是否是下一个被裁员的对象。士气下降可能会影响工作效率和员工合作。

减少生产力和经验流失：裁员可能导致公司的整体生产力下降，因为减少了人手和相关的经验。

影响团队合作和文化：裁员可能破坏原有的团队合作和文化，因为人员变动可能会导致关系紧张、信任破裂和团队凝聚力下降。

损害公司声誉：大规模裁员可能会影响公司的声誉，尤其是当外界对此持有负面看法时。这可能会对公司的品牌形象和业务发展产生负面影响。

法律和财务风险：裁员需要遵守法律法规，并可能涉及支付解雇补偿金等费用。此外，裁员可能引发员工的不满和法律纠纷，增加公司面临的法律和财务风险。

请注意，这些后果是一般性的，具体情况可能因公司规模、行业、员工反应等因素而有所不同。在进行裁员决策之前，建议与专业人士（如人力资源部门或法律顾问）进行咨询，并制订一个全面考虑的计划，以减少负面后果。

有效提问：

我们公司想从 100 人中裁员 30 人，请给我一份利弊清单，这将帮助我决定应该或者不应该做出这个决定。

有效提问的回答（AI 回答）：

当面临裁员决策时，以下是一份利弊清单，可以帮助你权衡裁员的利与弊。

一方面：

- **成本削减**：裁员可以降低公司的人力成本，从而减少开支，提高盈利能力。

- **组织结构优化**：通过裁员，可以重新调整组织结构，提高效率和灵活性，使公司更适应市场变化。

- **业务优化**：裁员可以使公司资源和人力集中于核心业务，提升竞争力和市场地位。

- **避免倒闭风险**：如果公司处于经济困境或面临财务困难，裁员可能是避免倒闭的一种手段。

另一方面：

- **员工流失和士气下降：** 裁员可能导致核心员工流失，同时也会降低留存员工的士气和工作积极性。

- **损害公司声誉：** 裁员决策可能对公司声誉产生负面影响，尤其是当裁员处理不当或不公正时，可能引起外界的负面评价。

- **损失关键技术：** 裁员可能导致公司失去关键技术，从而影响业务运作和创新能力。

- **团队合作和文化破裂：** 裁员可能破坏原有的团队合作和文化，造成员工之间的关系紧张，降低团队凝聚力和合作效率。

- **法律和财务风险：** 裁员需要遵守法律法规，并可能涉及支付解雇补偿金等费用。此外，裁员可能引发员工的不满和法律纠纷，增加公司面临的法律风险和财务风险。

请注意，这些利弊因公司具体情况和裁员策略而异。在做出裁员决策之前，建议进行全面的评估，并充分考虑员工福利、法律法规，以及与员工进行透明和及时的沟通。

总结：

你需要做一个重大决策的时候，可以在指令中让 AI 帮你分析利弊，而非直接问有什么后果。这样的利弊清单一出来，你就能很清晰地看到全盘，并做出准确的判断了。

6.17
六顶思考帽

应用场景：

在犹豫不决的问题面前，你可以要求 AI 按照六顶思考帽的方式向你呈现各种方案的利弊分析。

无效提问：

我的孩子是个初中生，请帮我分析一下这个年龄段孩子暑假参加国外夏令营的必要性。

无效提问的回答（AI 回答）：

对于初中生来说，暑假参加国外夏令营的必要性主要体现在以下几个方面：

培养独立自主性

参加国外夏令营，可以让孩子在没有父母陪伴的情况下独立生活、学习和探索。这样的经历有助于培养孩子的独立自主性，让他们学会照顾自己，增强解决问题的能力。

在夏令营期间，孩子们需要自己安排时间，管理财务，与团队成员共同完成任务等，这些都能有效地锻炼他们的独立生活能力。

开阔视野

国外夏令营提供了与不同文化背景的人交流的机会，孩子能够亲身体验不同国家的文化、历史和社会风貌。这样的经历可以极大地开阔孩子的视野，增加他们对世界的认识和了解。

孩子们在夏令营中可以参观当地的博物馆、历史文化遗产、学校等，深入了解当地的文化和生活方式，从而培养他们的跨文化交流能力，开阔视野。

提高语言技能

参加国外夏令营可以让孩子置身于真实的语言环境中，与母语为英语的人进行交流，这无疑会极大地提高他们的英语水平。

夏令营通常会安排一系列的语言课程和活动，让孩子们在轻松愉快的氛围中学习英语，提高口语、听力和阅读能力。

提升团队协作能力

夏令营的集体活动通常需要团队成员密切合作和沟通，这有助于培养孩子的团队协作能力。

在团队活动中，孩子们需要学会与他人共同制订计划、分工合作、解决问题等，这些经历能够让他们更好地适应未来的学习和工作。

培养社交能力

在国外夏令营中，孩子们需要与来自不同国家和地区的同龄人交流互动，这有助于培养他们的社交能力。

孩子们需要学会如何与陌生人建立联系、如何与他人进行有效的沟通、如何处理人际关系等，这些能力对于他们的未来发展至关重要。

为未来留学和职业规划做准备

对于有出国留学打算的孩子来说,参加国外夏令营可以让他们提前适应国外的生活和学习环境,了解留学需要具备的素质和能力。

夏令营中的活动和学习经历也可以为孩子的未来职业规划提供参考和借鉴,帮助他们更好地了解自己的兴趣和能力所在。

综上所述,初中生暑假参加国外夏令营具有多方面的必要性。这样的经历不仅有助于培养孩子的独立自主性、开阔视野、提高语言技能、提升团队协作能力和社交能力,还可以为他们的未来留学和职业规划做好充分的准备。

有效提问:

我的孩子是个初中生,请用六顶思考帽来帮我分析一下这个年龄段的孩子暑假参加国外夏令营的必要性?

有效提问的回答(AI 回答):

好的,我将使用爱德华·德·波诺的六顶思考帽法,从不同角度系统分析初中生参加国外夏令营的必要性,帮助您更全面地权衡利弊:

1. 白帽(客观事实与数据)

国外夏令营通常结合语言学习、文化交流或学科实践,数据表明沉浸式语言环境可显著提升口语能力。国外夏令营费用通常在 2 6 万元人民币(视国家、时长而定),需对比家庭预算与项目性价比。初中生(12~15 岁)处于青春期早期,独立能力、适应能力差异较大,需评估孩子的成熟度。

2. 红帽(情感与直觉)

孩子的意愿:孩子是否对异国文化充满好奇?是否有主动参与的

意愿？抵触情绪可能影响体验效果。

家长的担忧：分离焦虑（家长与孩子）、安全顾虑（如独自乘机、陌生环境）等情感因素需正视。

3. 黑帽（风险与挑战）

安全隐患：目的地国家的治安、医疗条件、夏令营安全措施是否可靠？

文化冲击：孩子是否具备处理文化差异（如饮食、社交习惯）的心理韧性？

4. 黄帽（积极价值）

能力突破：培养独立性（管理行李、规划时间）、跨文化沟通能力、解决问题能力。

视野拓展：接触多元价值观，打破对"标准答案"的依赖，激发批判性思维。

未来铺垫：参加国外夏令营的经历可能可以为高中或大学申请加分。

5. 绿帽（创新与替代方案）

家庭参与：策划亲子国际旅行，融入当地学校旁听、社区活动，兼顾学习与亲子陪伴。

线上资源：通过国际在线课程（如 Coursera 青少年项目）、虚拟文化交流平台降低成本。

6. 蓝帽（总结与决策）

（1）孩子的性格是否适合独立出国？（外向/内向？抗压能力？）

（2）家庭预算是否允许？是否需压缩其他教育支出？

（3）孩子是否对夏令营的活动感兴趣？

（4）是否有明确的短期目标（如提升英语）和长期价值（如世界观塑造）？

最终结论：国外夏令营核心在于是否契合孩子的真实需求与家庭实际情况，而非盲目跟随趋势，建议家长与孩子共同讨论。

总结：

在判断类的情境中，我们可以要求 AI 运用专业工具，像六顶思考帽这样的方式帮助我们分析问题，让我们看到更多、更全面的分析，以获得更加客观的信息，方便判断。

6.18
不要在回复上做解释

应用场景：

有时候情况紧急，你需要简洁的答案，可以让 AI 直接给出做法，而不要解释。

无效提问：

我在路边剐蹭了别人停的车，应该怎么办？

无效提问的回答（AI 回答）：

如果您在路边剐蹭了别人停的车，请按照以下步骤处理：

别离开现场：在剐蹭发生后，请不要离开现场。停下车辆，确保您和其他相关人员的安全。

寻找车主：尽快找到车主或车辆所有者。如果有人在附近，请询问周围的人是否是车主或是否知道车主的联系方式。如果找不到车主，您可以留下联系电话或者留张字条，说明发生的事故情况。

通知交警：根据当地法律规定，您可能需要立即通知当地交警，尤其是有人受伤或车辆无法移动时。即使只是剐蹭，有些地区仍然要求报警并填写一份事故报告。

留下证据：拍摄剐蹭的车辆照片以及周围的环境照片。这将有助于后续的索赔或走法律程序。

交换信息：如果找到了车主，请与其交换保险信息、驾驶执照号码、车辆注册号码等。记录下车主的姓名、联系方式以及车辆的品牌、型号和颜色等详细信息。

报告保险公司：尽快与您的保险公司联系，并向其报告发生的事故。提供详细的信息，并按照他们的指示进行后续操作。

请注意，这些步骤可能因所在国家或地区的法律规定而有所不同。在处理事故时，遵守当地法律法规非常重要。如果您有任何疑问或需要法律建议，最好咨询专业人士，例如律师或保险代理人。

有效提问：

我想让你做我的法律顾问。我在路边剐蹭了别人停的车，不知道该怎么办，请你以最简洁的语言就如何处理它提供建议，不要在回复中过多解释。

有效提问的回答（AI 回答）：

通知车主，留下联系信息，报告保险公司。

总结：

有时候情况紧急，你需要简洁的答案，就可以让 AI 直接给做法，而不要详细的解释。

6.19
学习顶级人才的优秀之处

应用场景：

你可以跨越年代，让 AI 为你总结某个领域顶级人才的重要品质。

无效提问：

唐代诗人中，成就很大的是哪五个人？

无效提问的回答（AI 回答）：

唐代是中国古代文化辉煌的时期之一，有许多杰出的诗人。以下是五位在唐代成就很大的诗人：

杜甫（712~770年）：杜甫被誉为"诗圣"，他的诗作广泛而深刻地描绘了社会的苦难与人民的疾苦，反映了他对时代动荡和人民疾苦的关注。

李白（701~762年）：李白是唐代最具传奇色彩的诗人之一，被誉为"诗仙"。他的诗作充满了豪情壮志、奇思妙想和对自然的赞美。

王维（701~761年）：王维的诗作以自然景色和山水描写为主题，他擅长通过诗歌表达内心的感悟和情感，被称为"山水田园诗派"的代表。

白居易（772~846年）：白居易是唐代后期著名的文学家和政治家，被尊称为"诗佛"，他的诗作清新流畅、情感真挚，关注人民生活和社会现象。

刘禹锡（772~842年）：刘禹锡的诗作多以描绘现实生活和社会风貌为主题，诗风清新、流畅，兼具感人之情和深刻的思考，他被誉为"诗豪"。

这些诗人在唐代文学史上留下了卓越的成就，他们的作品至今仍被广泛传诵，对后世诗人产生了深远的影响。

有效提问：

分析唐代诗人中成就最大的五个人，并给我列出他们的性格特点。

有效提问的回答（AI回答）：

以下表格是对唐代成就最大的五位诗人的分析，以及他们的性格特点：

诗人	成就	性格特点
杜甫	杜甫以其深刻的社会洞察力和对人民疾苦的关怀而闻名。	表达情感真实性，有坚持为人民发声的勇气。
李白	李白以其豪情壮志、奇思妙想和对自然的赞美而著称。	勇于表达个人情感，追求自由和独立思考精神。
王维	王维以其山水田园诗作闻名，表现出对自然的深刻理解。	观察并表达自然之美，注重细节，对生活有深刻的感悟。
白居易	白居易以其清晰流畅的诗风和对社会现象的观察而著名。	关注社会问题，具备幽默与人情味。
刘禹锡	刘禹锡的诗作关注现实生活和社会风貌，思考人生哲理。	思考生活的意义，关注人性和人生的深层次问题，富有洞察力和思辨能力。

总结：

你可以让 AI 帮你总结顶级人才的优秀之处，以方便学习。比如此案例，AI 不仅可以把唐代五位诗人的成就给呈现出来，而且还总结了他们的性格特点。

6.20
平衡轮

应用场景：

当觉得无法平衡工作和生活的时候，可以让 AI 用专业的工具帮你制订一个有效计划。

无效提问：

最近压力很大，请问如何平衡工作和生活？

无效提问的回答（AI 回答）：

平衡工作和生活是一个重要的挑战，以下是一些建议，可以帮助你在面对压力时实现更好的平衡：

制定明确的优先事项：确定工作和生活中最重要的任务和目标，并将其纳入日程安排中。确保为自己和家人留出时间，并在必要时进行灵活调整。

维持健康的生活方式：保持良好的饮食习惯、充足的睡眠和适度的运动。这些可以提高你的精力和抗压能力，让你更好地应对工作和生活的压力。

设置边界和限制：学会说"不"，确保自己不会过度承担工作任务，也不会忽视个人需求和时间。合理分配时间和精力，避免过度工作或沉迷于其他活动。

寻找支持和分享：与家人、朋友或同事交流，寻求支持和理解。分享你的压力和挑战，获得建议和意见。有人倾听和支持可以减轻压力并帮助你找到平衡。

培养兴趣爱好：寻找并投入一些你喜欢的兴趣爱好，例如阅读、运动、绘画、旅行等。这些活动可以带来乐趣，使你的生活更加丰富多彩。

学会放松和调节：尝试不同的放松和调节方法，如冥想、深呼吸、瑜伽或按摩。找到适合自己的方式，帮助你释放压力和焦虑，保持内心平静。

时间管理和计划：合理规划时间，设定明确的目标和截止日期。避免拖延，提高工作效率，以便更好地平衡工作和生活。

记住，平衡工作和生活是一个持续努力的过程，需要不断调整和适应。重要的是关注自己的需求和幸福感，并采取积极的行动。

有效提问：

假设你是我的教练，请用平衡轮工具帮我创建一个工作与生活的平衡计划。

有效提问的回答（AI 回答）：

当使用平衡轮工具来创建工作与生活的平衡计划时，你可以按照以下步骤进行：

确定关键领域：将你的生活划分为几个关键领域，如工作、家庭、健康、个人成长等。这有助于你全面考虑并平衡不同方面的需求。

设定目标：为每个领域设定具体、可量化的目标。在工作方面，你可以设定每周完成一定数量的任务或提高工作效率的目标；在家庭方面，你可以设定每周陪伴家人的时间等。

评估现状：评估每个领域目前的情况，确定你在每个领域的投入程度和满意度。考虑你目前面临的压力和挑战，并识别需要改善的领域。

制订行动计划：根据目标和现状评估的结果，制订具体的行动计划。确定你需要采取的措施来平衡工作和生活，如调整工作时间表、设定时间限制、改善时间管理等。

分配资源：确定你需要在每个领域投入的时间和精力，并根据优先级进行资源分配。确保给予每个领域足够的关注和时间，避免过度倾斜。

优化时间利用：寻找时间上节省和优化的机会，例如减少非必要的会议时间、集中处理类似任务、合理规划休息时间等。这样可以释放更多时间来满足其他领域的需求。

定期评估和调整：定期回顾你的平衡计划，评估其有效性，并根据需要进行调整。生活中的需求和优先级可能会发生变化，所以要保持灵活性和适应性。

使用平衡轮工具可以帮助你可视化和管理工作与生活的平衡，确保各个领域得到适当的关注和发展。记住，平衡是一个动态的过程，需要不断地调整和维护。

总结：

当你不知道如何平衡工作和生活的时候，在指令中加入教练的身份和平衡轮的工具，你会发现 AI 输出的内容跟之前完全不一样。按照它的这些步骤，你可以一步一步地画出属于自己的平衡轮，定期复盘和跟进，这样的计划是不是更有效？

7

要求 AI 输出格式

7.1 目录

应用场景：

写一本书之前，可以先询问一下 AI 的目录建议，给自己的内容做一些参考和补充。

无效提问：

我要写一本关于量子物理的书，请帮我生成一个图书的目录。

无效提问的回答（AI 回答）：

撰写一本关于量子物理的书时，以下是一个可供参考的章节目录：

1 引言

1.1 量子物理的背景和发展

1.2 量子力学的基本原理

1.3 本书的目的和结构

2 经典物理与量子物理的对比

2.1 经典物理的基本原理
2.2 经典物理的局限性
2.3 量子物理的基本概念与量子世界的特征

3 波粒二象性

3.1 波动性与粒子性的表现
3.2 双缝实验与干涉现象
3.3 波函数与概率解释

4 狄拉克方程与粒子的自旋

4.1 狄拉克方程的推导与基本性质
4.2 自旋的概念与实验观测
4.3 自旋与量子信息

5 量子力学中的测量与不确定性原理

5.1 测量与观测算符
5.2 不确定性原理的基本概念
5.3 应用与解释

6 量子力学中的态与算符

6.1 态矢量与希尔伯特空间
6.2 算符与物理量的测量
6.3 量子力学中的运算与变换

7 量子力学中的纠缠与量子态的相干性

7.1 纠缠态与贝尔不等式
7.2 量子纠缠的应用与量子通信
7.3 相干态与量子计算

8 量子力学中的应用

8.1 原子与分子的量子力学描述
8.2 固体物理与凝聚态物理中的量子现象
8.3 量子光学与量子信息处理

9 量子力学的前沿与未来展望

9.1 量子计算与量子通信的发展
9.2 量子力学与相对论的统一
9.3 量子物理的哲学与思考

结语

这个章节目录涵盖了量子物理的基本概念、原理和应用，以及与经典物理的对比，希望能够为你撰写一本关于量子物理的书提供参考。根据你的具体需求和重点，你可以根据这个框架进行调整和扩展。

有效提问：

我是一名科普作家，准备给普通人写一本生动介绍量子物理的书，请根据最新的内容给我生成一本书的目录。

有效提问的回答（AI回答）：

以下是一本向普通人生动介绍量子物理的科普书的章节目录：

1 量子物理入门：探索微观世界的奇妙之旅

1.1 微观世界的神奇启示
1.2 量子物理：它是什么，它为什么重要？

2 不可思议的波粒二象性

2.1 究竟是波还是粒子？两者兼具的奇异世界
2.2 双缝实验：让你看见量子的双重本性
2.3 量子纠缠：一触即发的神秘联系

3 玩转量子世界：量子力学基本原理

3.1 探秘量子力学：它是如何运作的？
3.2 玩转量子态：量子叠加与量子纠缠
3.3 观测量子：不可避免的干扰？

4 量子世界的应用

4.1 量子技术的革命：量子计算与量子通信
4.2 量子传感与精密测量：超凡测量的奥秘
4.3 量子生物学：微观世界与生命的奇妙联系

5 揭开量子物理的谜团

5.1 量子哲学：探索量子世界的意义与争议
5.2 挑战与展望：解读量子物理的未来之路
5.3 量子思维：如何用量子观念看待世界？
5.4 量子时代的启示：我们的未来与量子

结语：以好奇心探索量子的魅力

这本科普书的章节目录体现了以活泼生动、简单易懂的方式向普通读者介绍量子物理的基本概念、原理和应用。在撰写过程中，可以运用通俗易懂的语言、生动有趣的例子和引人入胜的故事，帮助普通读者轻松理解和欣赏量子世界的奇妙之处。

总结：

只要你给 AI 一个主题，它可以迅速地为你生成一个目录。当你为这个目录设定一些具体要求时，它会一改之前严肃的风格，加入很多口语化和生动的表达，更富有表现力。

7.2
PPT（AI 科技元宇宙）

应用场景：

AI 不能直接生成图片，但是可以请 AI 帮助你生成 PPT 的源代码。

无效提问：

请帮我生成一个图片形式的 PPT，主题是"职场人如何提高工作效率"，在每个幻灯片上添加文字、图片、图表和其他多媒体元素。

无效提问的回答（AI 回答）：

很抱歉，作为文本形式的 AI 助手，我无法为您生成图片形式的 PPT。但我可以为您提供针对每张幻灯片的文字描述，您可以根据描述自行设计并添加相应的图片、图表和其他多媒体元素。

有效提问：

当需要制作一个 PPT 时，你可以让 AI 帮你快速制作高质量的 PPT。我需要一份关于"职场人如何提高工作效率"的 PPT，包含 5 个章节。

有效提问的回答（AI 回答）：

以下是为您设计的现代风格 PPT 大纲框架，包含数据图表建议和逻辑结构：

封面

标题：职场效率升级指南——5 个策略提升 200% 工作效率
副标题：数据驱动的高效工作方法论
设计元素：渐变几何图形与动态线条
备注：使用深蓝色背景搭配白色文字，体现专业感

第一章 效率现状与痛点分析

1. 职场效率关键数据
柱状图：中国职场人日均有效工作时间仅 3.6 小时（数据来源：脉脉研究院）
饼图：72% 受访者存在"虚假忙碌"问题（麦肯锡调研）

2. 效率杀手 top3

雷达图展示：多任务切换（43%）、会议冗余（35%）、信息过载（22%）

第二章　目标管理引擎

1. SMART 原则升级版
2. 四象限法则实战

矩阵图：紧急 - 重要四象限配时间分配建议
案例对比：某互联网公司研发团队应用前后对比
3. OKR 工作法
流程图：目标拆解→关键结果→进度追踪
气泡图：关键结果的可量化维度

第三章　时间管理革命

1. 番茄工作法 2.0
2. 时间块管理
3. 会议效率公式

第四章　数字工具矩阵

1. 效率工具四维模型

象限图：协作类、专注类、管理类、自动化类
2. 必备工具推荐
Trello 看板管理流程图
Notion 知识库架构示意图

飞书多维表格应用场景
3. 自动化工作流
案例流程图：邮件自动分类、日程同步、数据汇总

第五章　习惯养成系统（10%）

1. 晨间仪式三要素
2. 精力管理模型
3. 复盘机制

封底页

行动号召：立即开启你的效率升级计划
设计元素：动态二维码与渐变几何图形延伸

数据可视化建议

1. 使用对比色突出关键数据
2. 每页保留 30% 留白空间增强可读性
3. 重要图表采用 3D 立体效果与动态出现效果

总结：

　　手动制作 PPT 需要花费大量时间，尤其是设计布局、选择图片和图表等。而 AI 工具能够在几分钟内自动生成一个专业的 PPT，显著减少了制作时间。通过使用 DeepSeek 等 AI 工具制作 PPT，你不仅能够节省时间，还能够确保 PPT 设计的专业性与创意性。

7.3 表格

应用场景：

在向 AI 询问时，如果答案太多、杂乱，可以下指令让它用表格的形式呈现。

无效提问：

请问现在市面上有哪些 AI 工具？

无效提问的回答（AI 回答）：

目前市场上有许多 AI 工具可供使用，涵盖了各个领域和应用。以下是一些常见的 AI 工具和平台的例子。

1. ChatGPT（OpenAI）

特点：基于 GPT-4 架构，擅长自然语言交互，支持文本生成、代码编写、多语言翻译等功能。

优势：全球用户量最大的通用 AI 工具，擅长客服自动化、内容创作、教育辅助等。

2. Google Gemini

特点：多模态模型，整合文本、图像、音频处理能力，深度融入

Google 生态系统。

优势：跨模态数据分析、智能搜索、自动化办公。

3. Claude（Anthropic）

特点：强调安全性与伦理对齐，支持超长上下文理解（最高 100 万 token），适合复杂任务。

优势：长文档分析、合规审查、风险建模。

4. MidJourney

特点：专注于图像生成，以艺术风格多样性和高分辨率输出著称。

优势：重塑设计行业工作流，被广泛用于广告、游戏、影视概念设计。

5. DeepSeek

特点：国内领先的 AGI 研发公司，推出 DeepSeek-R1 等多模态模型，擅长中文理解与逻辑推理。

优势：中文语境优化，数据隐私合规，响应速度与性价比突出。

6. 文心一言

特点：基于百度搜索引擎数据和知识图谱，对中文语义、成语、古诗等有深度掌握。

优势：提供金融、医疗、教育等领域的定制化模型，支持 API 接入企业系统。

7. Runway

特点：AI 视频生成与编辑工具，支持文本生成视频、背景去除等。

优势：一站式视频创作，提供多种 AI 特效和滤镜。

8. GitHub Copilot

特点：AI 编程助手，基于 Codex 模型。

优势：自动补全代码、注释生成，支持多语言。

9. 豆包

特点：支持文本、图像、音视频处理，可生成 PPT、图表、短视频脚本等富媒体内容。

优势：功能全面且贴近实际需求，适合内容创作者和企业用户快速提升效率。

10. Kimi

特点：擅长从长文本中提取关键信息，生成思维导图或问答对，逻辑清晰。

优势：处理复杂长文本场景的标杆工具，适合法律分析、编程开发等。

以上只是一些常见的 AI 工具和平台，市场上还有许多其他的 AI 工具和解决方案可供选择，具体选择应根据您的需求和项目要求来决定。

有效提问：

请帮我收集各大 AI 工具，并生成表格。表格的格式如下：

第一列是序号
第二列是 AI 的类型
第三列是 AI 模型名称
第四列是官网网址

有效提问的回答（AI 回答）：

序号	AI 的类型	AI 模型名称	官网网址
1	对话式 AI/ 语言模型	ChatGPT	https://chat.openai.com
2	多模态 AI	Google Gemini	https://gemini.google.com
3	对话式 AI/ 语言模型	Claude	https://claude.ai
4	图像生成 AI	MidJourney	https://www.midjourney.com
5	通用 AI 模型	DeepSeek	https://www.deepseek.ai
6	多模态 AI 文心一言	NLTK	https://yiyan.baidu.com
7	视频生成 AI	Runway	https://runwayml.com
8	代码生成 AI	GitHub Copilot	https://github.com/features/copilot
9	对话式 AI/ 语言模型	豆包	https://www.doubao.com
10	长文本处理 AI	Kimi	https://kimi.moonshot.cn

请注意，这只是一个示例表格，列出了一些常见的 AI 工具和它们的官方网站链接。在实际使用时，您可能需要进一步查询这些工具的功能和特性，以选择最适合您需求的工具。

总结：

要求 AI 回答问题，但预计答案较多、复杂烦琐的时候，你可以给它加上一条指令，让它用表格的方式呈现，而且最好把这个表格的要求和格式也一并输入，这样你就会得到清晰、全面、完整的信息了。

7.4 创建任何形式的文本

应用场景：

当你需要写一篇特定主题的文章时。

无效提问：

帮我写一篇主题为"大学生如何应对 AI 时代的挑战"的文章。

无效提问的回答（AI 回答）：

大学生如何应对 AI 时代的挑战

导言

随着 AI 技术的迅猛发展，AI 时代已经来临。对于大学生而言，如何应对这个新时代的挑战，不断成长和适应变化，是至关重要的。本文将探讨大学生如何应对 AI 时代的挑战，并提供一些建议和策略。

加强技术学习

AI 时代需要具备技术素养的人才。大学生应该主动学习 AI 相关的技术知识，包括机器学习、数据分析、编程等，通过参加相关课程、培训和实践项目，提升自己在技术领域的能力和竞争力。

培养创新思维

AI时代强调创新和创造力。大学生应该培养创新思维，勇于提出新的想法和解决方案，通过参与创新项目、组织和竞赛，培养自己的创新能力，并将其运用到实际问题中。

发展跨学科能力

AI技术的应用涵盖多个学科领域。大学生应该积极发展跨学科能力，通过选修跨学科课程、参与研究项目和学术交流，拓宽自己的知识领域，培养综合能力和解决复杂问题的能力。

强化人际交往和合作能力

AI时代注重团队合作和协作能力。大学生应主动参与团队项目、社团活动和实践经验，培养自己的人际交往和合作能力，通过与他人合作，分享知识和经验，共同解决问题，提升自己的团队合作能力。

培养终身学习的习惯

AI技术的快速发展意味着知识更新换代的速度加快。大学生应培养终身学习的习惯，不断追求新知识和技能，通过阅读专业书籍、参与在线课程、参加学术会议等方式，不断扩充自己的知识储备，保持与时俱进。

结论

AI时代为大学生带来了机遇和挑战。只有不断提升自己的技术能力、培养创新思维、发展跨学科能力、加强人际交往和合作能力，并保持终身学习的习惯，才能更好地应对这个时代的挑战，并取得成功。大学生们应积极迎接AI时代的变革，为自己的未来奠定坚实的基础。

有效提问：

  主题：大学生如何应对 AI 时代的挑战
  听众：大学生
  演讲风格：鼓舞人心
  目标：激发大学生拥抱 AI 时代
  字数：不少于 600 字

有效提问的回答（AI 回答）：

亲爱的大学生们：

  今天，我想和你们分享一个重要的主题：如何应对 AI 时代的挑战。我们身处一个飞速发展的科技时代，AI 正以前所未有的速度改变着我们的生活。但是，我要告诉你们，这并不令人恐惧，而是一个令人激动的机会。

  首先，我要鼓励你们拥抱 AI 时代的挑战。AI 并不是要取代人类，而是与人类共同合作，为我们的生活和社会带来更多的便利及发展机会。提升自己的能力，挖掘潜力，相信你们可以在这个新时代中发挥重要作用。

  其次，我要强调学习和适应的重要性。AI 技术正在迅猛发展，你们需要不断学习和更新知识，掌握与之相关的技能。培养分析、创造和解决问题的能力，这些是 AI 无法替代的人类特质。通过持续学习和适应，你们才能抓住机遇，面对挑战。

  再次，与人类的交际和沟通也变得至关重要。虽然技术让我们更加便利地进行交流，但我们不能忽视面对面的人际关系。培养良好的沟通技巧、合作能力和团队精神，与他人建立深入的关系。无论是在工作还是生活中，人际关系是推动我们前进的动力。

  最后，要保持乐观和积极的心态。AI 时代带来了新的机会和挑战，但我们因此困扰和消沉。相信自己的价值和能力,积极面对变化,勇于创新。记住,你们是未来的领导者和创造者,你们拥有改变世界的力量。

亲爱的大学生们,面对 AI 时代的挑战,我希望你们能够抱着积极的心态,勇敢地踏上新的征程。拥抱变化,学习新技能,保持人际关系,相信自己的潜力。你们是这个时代的奇迹,你们的创造力和智慧将为未来带来无限可能。谢谢!

总结:

AI 可以按照你的要求创建任何文本。当你对文本的主题、听众风格、目标字数有更具体的要求时,它能给你一篇更加亮眼的文章。

7.5 数字

应用场景:

有时候 AI 给出的答案太多,没有重点,可以向它要求只呈现最重要的几点是什么。

无效提问：

　　一个高二学生，成绩中等，怎样做才能在一年时间内冲刺到年级前 10？

无效提问的回答（AI 回答）：

　　要在一年时间内冲刺到年级前 10，以下是一些建议：

　　目标设定：明确你的目标是进入年级前 10。

　　时间管理：合理安排学习时间，并制定一个可行的时间表。确保每天都有专门的时间用于学习和复习，给各个学科合理分配时间。

　　学习计划：根据每个学科的重要性和难度制订学习计划。将每个学科的内容分解为小块，逐步学习和掌握。优先处理最重要的学科或考试内容。

　　主动学习：积极参与课堂，专注听讲和笔记。主动提问，与老师和同学进行讨论。加强对知识点的理解和记忆，及时解决学习中的疑惑。

　　多样化学习方法：尝试不同的学习方法，找到最适合自己的方式。例如，阅读教科书、参考资料，做笔记，做练习题，寻找在线教学资源等。

　　持续复习和巩固：定期复习已学的知识，巩固基础。利用复习时间回顾笔记、做习题和模拟考试，发现和弥补知识上的漏洞。

　　寻求帮助：遇到困难或难以理解的内容时，不要犹豫寻求帮助。与老师、同学或家长讨论问题，寻求指导和解答。

　　自律和毅力：保持积极的学习态度，坚持不懈地努力。遇到挫折时不气馁，保持自律和毅力，相信自己的潜力和能力。

保持健康：除了学习，注意保持身心健康。保证充足的睡眠时间，定期锻炼身体，保持良好的饮食习惯。合理安排休息和娱乐时间，避免过度疲劳。

目标跟踪和调整：定期检查和评估自己的进展，对比目标和实际情况。根据需要进行调整和改进学习计划。

记住，冲刺到年级前 10 需要付出努力和坚持不懈的学习，同时也需要合理管理时间和注意平衡。老师、家长和同学相互理解和支持也非常重要。祝你取得优异的成绩！

有效提问：

一个高二学生，成绩中等，对于如何在一年时间内冲刺到年级前 10，请给我 5 个关键的逆袭策略或方法。

有效提问的回答（AI 回答）：

当一个高二学生希望在一年内冲刺到年级前 10 时，以下是 5 个关键的逆袭策略：

制定明确的目标：设定具体的目标，即进入年级前 10。将目标细化为每个科目的具体分数或排名，这样可以清楚地了解自己的进步情况。

制订高效的学习计划：根据每个学科的重要性和难度，制订一个详细的学习计划。给各个学科合理分配时间，并确保每天都有专门的时间用于学习和复习。

优化学习方法：尝试不同的学习方法，找到最适合自己的方式。尽量深入理解概念，提高问题解决能力，有效利用教科书、参考资料、在线教学资源等。

主动参与课堂并请教问题：积极参与课堂，专注听讲和互动。主动提问，与老师和同学进行讨论。寻求帮助和解答疑惑，不断深入学习和探索知识。

持续复习和巩固：定期复习已学的知识，巩固基础。制订复习计划，定期回顾笔记、做习题和模拟考试，找出自己的薄弱环节并加以改进。

同时，保持积极的学习态度，坚持不懈地努力，并与老师、家长和同学建立相互理解、支持的关系。通过合理安排时间、保持身体健康以及灵活调整学习策略，你将有机会逆袭并取得优异的成绩。加油！

总结：

AI给出的答案往往是非常全面和详细的，但是这也意味着没有重点，所以在提问中可以给它限制条数，比如说3条或5条关键信息，这样就更加有的放矢了。

7.6
文章大纲

应用场景：

当需要写一篇文章时，你可以让AI帮你写大纲或者内容。

无效提问：

请帮我写一篇文章，题目是《3分钟带你快速了解大湾区》。

无效提问的回答（AI回答）：

3分钟带你快速了解大湾区

大湾区是中国的一个经济区域，由香港特别行政区、澳门特别行政区和广东省的九个城市组成。它位于珠江三角洲，是中国改革开放的重要战略布局之一。大湾区以其经济繁荣、创新活力和国际影响力而闻名。让你在3分钟内了解一下这个令人激动的地区。

第一，经济实力。大湾区是中国最富裕和最具竞争力的区域之一。香港和澳门作为特别行政区，拥有自由贸易、金融和服务业的优势。广东省的深圳、广州和珠海，是中国最重要的经济中心城市之一。大湾区的整体经济规模在全球都具有重要地位。

第二，创新科技。大湾区是中国乃至全球的科技创新中心之一。深圳作为中国的硅谷，孕育了众多科技巨头和初创企业。这个地区拥有高科技产业、人工智能、生物医药、新能源等领域的创新项目。大湾区致力于推动科技创新和产业升级，为未来的发展奠定坚实基础。

第三，交通互联。大湾区以其卓越的交通互联而著名。香港、澳门和广东省之间的高速铁路、跨海大桥和隧道，使得各个城市之间的交通更加便捷。这种高效的交通网络有助于促进人才流动和资源共享，为大湾区的发展提供了强大的支撑。

第四，文化多样。大湾区融合了中西方文化的精华，拥有丰富多彩的文化遗产和活动。香港和澳门是东西方文化交流的重要枢纽，吸引了全球的艺术家、文化爱好者和游客的目光。广东省的城市则拥有悠久的历史和独特的民俗文化，展示了中国传统和现代的交融。

大湾区是一个充满活力和机遇的地方。它汇集了优秀的人才、创新的企业和丰富的资源。无论是经济发展、科技创新还是文化交流，大湾区都在为我们展示其无限潜力。让我们关注大湾区，共同见证这个引人注目的地区的崛起。

有效提问：

我想写一篇《3分钟带你快速了解大湾区》的文章，请你帮我梳理一下文章的大纲，以大湾区的发展时间为主线，内容确保涉及大湾区的特色。

有效提问的回答（AI回答）：

以下是关于《3分钟带你快速了解大湾区》文章的大纲：

标题：3分钟带你快速了解大湾区

引言

简要介绍大湾区的地理范围与重要性：一个开放、现代化、国际化的区域经济体。

强调大湾区在国家经济、科技、文化等方面的重要地位。

一、大湾区的起源与构建

2017年：粤港澳大湾区被提出

以改革创新为核心，推动区域内城市的协同发展。

2019年：粤港澳大湾区发展规划纲要发布

二、大湾区的特色与发展亮点

1. 科技创新与产业升级

深圳：凭借其强大的科技产业（如华为、腾讯等龙头企业），成为全球创新中心之一。

广州：在生物医药、新能源、人工智能等领域的创新实力持续增长。

香港与澳门：香港作为全球领先的金融、航运和贸易中心，澳门则依托旅游与娱乐业的优势，提供了湾区多元化的服务支持。

2. 基础设施与互联互通

港珠澳大桥、多个国际机场（如深圳宝安、广州白云、香港国际机场等）大大提升了大湾区的运输效率，方便了人员和货物流动。

3. 绿色发展与可持续性

在推动绿色经济和可持续发展的政策方面也取得了显著进展，包括发展新能源、绿色建筑以及推动低碳经济。

三、大湾区的未来展望

1. 科技创新引领未来

预计未来大湾区将继续推动人工智能、5G、物联网等前沿科技的发展，进一步打造全球创新中心。

2. 深化区域协同与全球化发展

通过进一步完善区域内的基础设施建设，推动政策协调和资源共享，大湾区将在全球范围内发挥更大的影响力。

3. 改善民生与提升社会福利

在提升经济实力的同时，大湾区将加大对民生和社会福利的投资，推动更高质量的教育、医疗和社会保障体系建设。

总结：

总结大湾区的综合优势，提出个人对大湾区未来发展的期许。你对 AI 给你输出的文本不满意的时候，可以通过让它输出一个文章大纲，尽量涵盖一些你要求的知识点。这个大纲围绕大湾区的发展历程及其特色，涵盖科技创新、产业升级、基础设施建设等方面，给你撰写文章时提供参考和启发。

7.7 关键词

应用场景：

您希望获取财务自由的建议。

无效提问：

如何保持财务自由？

无效提问的回答（AI 回答）：

要保持财务自由，以下是一些关键的建议：

设定明确的财务目标：确保您有清晰的财务目标，并制订可行的计划来实现这些目标，如短期目标（如紧急储蓄）、中期目标（如购房、旅行）和长期目标（如退休储蓄）。

建立预算和理性的消费习惯：制定一份详细的预算，包括您的收入、支出和储蓄计划。确保您的开支不超过收入，并且有意识地控制不必要的消费。

储蓄和投资：养成定期储蓄的习惯，并将资金投资于适合您风险承受能力的投资项目，例如股票、债券、房地产或基金。确保您有紧急储蓄以应对意外情况，并努力增加您的净值。

职业发展和增值：持续提升自己的技能和知识，以提高职业竞争力并增加收入。考虑学习新技术、参加培训课程或追求更高的学位，以增加您的就业机会和薪资。

债务管理：积极管理您的债务，确保能够按时偿还贷款和信用卡账单。尽量减少高利率债务，并制订还款计划以逐步减轻债务负担。

多样化收入来源：考虑建立多个收入来源，例如兼职工作、副业或投资收益。多样化收入来源可以保持财务稳定性，以提高您的收入潜力。

智慧消费和理性投资：在购买决策中保持理性，避免冲动购物和过度消费。在投资时，进行充分的研究和尽职调查，以减少风险并实现更高的回报。

寻求专业财务建议：如果需要，考虑咨询财务专家或理财顾问，他们可以根据您的具体情况提供个性化的建议和规划。

记住，财务自由是一个长期的过程，需要耐心和坚持。通过明确目标、制订计划、控制开支、储蓄投资和持续学习，您可以逐步实现财务自由的目标。

有效提问：

保持财务自由的关键词有哪些？

有效提问的回答（AI 回答）：

以下是保持财务自由的关键词：

预算管理：制订详细的预算计划，合理分配收入和支出。

储蓄和投资：养成储蓄的习惯，并将资金投资于增值项目，以实现财务增长。

债务管理：合理管理债务，减少高利率债务，建立健康的债务结构。

职业发展：持续提升职业技能和知识，获得项目收入和就业机会。

多元化收入来源：建立多个收入来源，分散风险，提高收入潜力。

理性消费：明智选择和控制消费，避免过度消费和无谓支出。

风险管理：购买适当的保险，以保护个人和财务收益免受不可预见的风险。

财务目标设定：设定明确的财务目标，并制订可行的计划来实现这些目标。

持续学习：关注金融和投资知识，不断学习财务管理和理财策略。

专业建议：在需要时寻求财务专家的建议和指导，根据个人情况制订合适的财务计划。

这些关键词代表了保持财务自由所需的基本原则和行动步骤。它们一起构成了一个综合性的财务管理体系，帮助个人实现财务自由。

总结：

第一个提问的问题过于笼统，没有明确的搜索范围，导致 AI 给出了一般性的回答。

第二个提问通过使用关键词来限定搜索范围，AI 能够针对性地回答，并提供了具体的关键要素：简洁、清晰、精准。

7.8
插入 emoji 表情

应用场景：

在某些有特殊调性的平台，可以要求 AI 在写文案的过程中加入 emoji 表情。

无效提问：

请帮我写一篇小红书文案，主题是国内最小众的海岛旅行。

无效提问的回答（AI 回答）：

标题：探寻国内最小众的海岛旅行，私享天堂之旅

文案：你是否厌倦了拥挤的旅游景点和常规的旅行路线？让我们

一同揭开国内最小众的海岛旅行之谜，踏上一段私享天堂之旅。

远离喧嚣，这些被遗忘的海岛展示着原始的自然美。在这个小众的海岛旅行中，你将与大自然亲密接触，与自己的内心进行深度对话。

我们将带你探访国内隐藏的珍宝海岛，那些未被商业开发的宝藏。在这里，你将发现无人涉足的海滩、原始的热带雨林和令人惊叹的海洋生物。

在这个小众海岛旅行中，你可以潜入清澈的海水，与五彩斑斓的珊瑚礁为伴，与海龟、鲨鱼等生物共舞。你可以漫步在无人的沙滩上，感受海风拂过脸颊的宁静与宜人。

此外，你还可以探索那些隐匿于岛屿深处的秘密景点，比如隐蔽的洞穴、风化奇特的岩石和神秘的古迹。你将亲身体验到被大自然环抱的恢宏景观，感受时间的静谧与岛屿的灵魂。

小众的海岛旅行不仅是一次普通的旅行，它还是一次深入心灵的沉浸式体验。在这里，你可以找到内心的宁静，探索自己与自然的和谐共生。

踏上这段国内最小众的海岛旅行，释放疲惫的心灵，追寻纯粹的自然之美。在这个小众的天堂里，你将发现一段属于自己的独特旅程，留下难以磨灭的回忆。

不要再满足于常规的旅行方式，让我们一同探索国内最小众的海岛旅行，领略纯净、原始、宁静的天堂风光。

私享天堂之旅 # 小众海岛 # 自然之美

有效提问：

请用小红书的写作风格，以国内最小众的海岛旅行为主题，写一篇小红书笔记。要求：请按照小红书的写作风格即"种草"风格来写，每段文字都要加 emoji 表情，并且在最后加与内容相关的标签。

有效提问的回答（AI 回答）：

国内最小众的神仙海岛被我挖到啦！拒绝人挤人，独享玻璃海和果冻浪，美到失语！！（附超全攻略）

地点：台州·大陈岛

被《国家地理》遗忘的浙东秘境，海浪是薄荷绿渐变色，发朋友圈都被问爆是不是在国外！原图直出生图能打，i 人拍照再也不怕尴尬啦

交通

杭州高铁 2 小时到台州→打车 20 分钟到码头→坐船 2 小时登岛（记得吃晕车药！）建议住一晚，日落时分的环岛公路美到窒息。

必玩打卡点

1 甲午岩：有悬崖栈道和灯塔，穿白裙随便拍都是电影感大片。

2 鸡笼头：承包整片无人沙滩！海水清澈到能看见粉色水母。

3 垦荒纪念碑：俯瞰全岛的最佳机位，傍晚蓝调时刻像掉进油画里。

吃货雷达

岛上居然有超鲜的大排档！人均 50 元吃到撑，强推阿三排档的辣炒螺肉和海鲜面，凌晨渔船直送的带鱼蘸酱油能吃三碗饭！！

小众海岛天花板 # 冷门旅行清单 # 江浙沪周边游 # 海岛拍照攻略 # 治愈系旅行

总结：

不同的平台拥有不同的写作风格，就小红书文案来说，你可以要求 AI 每段文字都加 emoji 表情，并且在最后加与内容相关的标签。

7.9

详细步骤

应用场景：

当做实操的事务时，你可以要求 AI 给出详细的步骤。

无效提问：

你可以给我一份奶油蘑菇汤的食谱吗？

无效提问的回答（AI 回答）：

当然可以！以下是一份奶油蘑菇汤的食谱，供您参考：

材料

新鲜蘑菇 250 克
洋葱 1 个
黄油 20 克

面粉 20 克

盐适量

黑胡椒粉适量

淡奶油 100 克

全脂牛奶 200 毫升

鸡肉高汤 300 毫升（或其他高汤）

步骤

（1）准备好所需的材料。将蘑菇、洋葱切成小块备用。

（2）在锅中熔化黄油，加入洋葱炒香。

（3）将切好的蘑菇加入锅中翻炒，直到蘑菇变软。

（4）加入面粉并和蘑菇、洋葱拌匀。

（5）加入鸡肉高汤，搅拌均匀，将汤煮沸。

（6）将火调至中小火，继续煮 10 分钟，时不时搅拌汤汁，防止粘锅。

（7）把牛奶加入锅中，继续煮 5 分钟。这可使汤变得更加浓郁、爽滑。

（8）最后，在汤汁中加盐和胡椒粉，调至自己喜欢的口味。

（9）在另一个锅中加热淡奶油，直至沸腾。

（10）将煮好的蘑菇汤倒入碗中，然后加入淡奶油，搅拌均匀。

（11）撒上一些黑胡椒粉作为装饰（可选）。

（12）享用美味的奶油蘑菇汤！

请注意，以上食谱中的材料、分量可以根据您的口味和需求进行调整。希望您喜欢这份奶油蘑菇汤的食谱！

有效提问：

假如你是一名米其林的厨师，我想做一份奶油蘑菇汤，请给我制作这道菜的详细步骤。

有效提问的回答（AI 回答）：

作为一名米其林厨师，我会尽力为您提供一份详细的奶油蘑菇汤食谱。以下是制作奶油蘑菇汤的步骤：

材料

新鲜蘑菇 250 克（建议使用多种蘑菇，如香菇、平菇、白蘑菇等，以增加口感和营养）

洋葱 1 个
黄油 30 克
面粉 30 克
盐适量
黑胡椒粉适量
淡奶油 150 克
全脂牛奶 250 毫升
鸡肉高汤 400 毫升（或其他高汤，如牛高汤、蔬菜高汤等）
鲜百里香 1~2 根（可选）
鲜迷迭香 1~2 根（可选）
装饰用的小香葱或香菜 少许（可选）

步骤

（1）准备好所需的材料。将蘑菇、洋葱切成小块备用。如果使用百里香和迷迭香，请将它们切碎。

（2）在锅中熔化黄油，加入洋葱和切碎的百里香、迷迭香炒香。

（3）将切好的蘑菇加入锅中翻炒，直到蘑菇变软。

（4）加入面粉并和蘑菇、洋葱及各种香料拌匀，炒约 1 分钟。

（5）慢慢加入鸡肉高汤，搅拌均匀，将汤煮沸。注意要慢慢加入高汤，以防止面粉结块。

（6）将火调至中小火，继续煮 15~20 分钟，时不时搅拌汤汁，防止粘锅。这时，汤汁会逐渐变得浓稠。

（7）加入牛奶，继续煮 5 分钟。这可使汤变得更加浓郁、爽滑。

（8）用盐和黑胡椒粉调味，根据个人口味调整。

（9）在另一个锅中加热淡奶油，直至沸腾。

（10）将煮好的蘑菇汤倒入碗中，然后加入淡奶油，搅拌均匀。

（11）撒上切碎的小香葱或香菜分量作为装饰（可选）。

（12）享用美味的奶油蘑菇汤！

请注意，以上食谱中的材料、分量可以根据您的口味和需求进行调整。希望您喜欢这份奶油蘑菇汤的食谱！

总结：

同样是做一份奶油蘑菇汤，如果你要的只是食谱，大概率是跟网上搜到的内容差不多。但是当你向 AI 要求详细步骤时，尤其是假定他的身份是米其林厨师时，它真的就化身为一名大厨，在你身边仔细叮咛，手把手地教你做一份奶油蘑菇汤。

7.10 给出案例

应用场景：

在了解一个新事物的时候，可以要求 AI 给出实际应用的案例。

无效提问：

物联网有什么实际应用？

无效提问的回答（AI回答）：

物联网在各个领域都有许多实际应用，以下是一些物联网的实际应用示例：

智能家居：通过将家居设备连接到互联网，实现自动化和远程控制，例如智能灯光、智能家电、智能安防系统等。

智慧城市：利用传感器和物联网技术监测和管理城市基础设施，包括智能交通系统、智能停车系统、智能垃圾管理、环境监测等，提高城市运行效率和可持续发展。

工业互联网：将工厂设备和生产线连接到互联网，实现智能制造和工业自动化，提高生产效率和质量控制。

农业物联网：利用传感器监测土壤湿度、气象条件等农业要素，实现精确智能灌溉，提高农作物产量和资源利用效率。

医疗健康：通过穿戴设备、远程监测和医疗传感器等技术，实现健康监测、远程诊断和智能医疗，改善医疗服务和病人管理。

物流和供应链管理：利用物联网技术跟踪和管理物流运输过程、库存和供应链，提高物流效率和透明度。

能源管理：通过智能计量和能源监测设备，实现能源消耗监控和优化，提高能源利用效率和可持续发展。

智能交通：利用物联网和传感器技术，实现交通流量监测、智能交通信号控制和智能车辆管理，提高交通效率和安全性。

这些只是物联网应用的一部分，随着技术的发展和创新，物联网的应用场景将不断扩大和深化，为各个领域带来更多的创新和便利。

有效提问：

在物联网的实际运用中，可以举 10 个具体案例吗？请用表格形式呈现。

有效提问的回答（AI 回答）：

下面是 10 个物联网的实际应用案例，以表格形式呈现：

序号	领域	应用案例
1	智能家居	智能灯光控制、智能家电管理、远程家庭安防系统
2	智慧城市	智能交通系统、智能垃圾管理、智能停车系统
3	工业互联网	智能制造、工业自动化、设备远程监控
4	农业物联网	精确农业、智能灌溉、农作物监测
5	医疗健康	远程监测、智能医疗设备、健康管理平台
6	物流和供应链	物流跟踪、库存管理、供应链可视化
7	能源管理	智能计量、能源监测、节能优化
8	智能交通	交通流量监测、智能交通信号控制、智能车辆管理
9	智能零售	自动售货机、智能购物体验、无人商店
10	智能环境监测	空气质量监测、水质监测、噪声监测

这些案例只是物联网应用的一部分，展示了物联网技术在不同领域的实际运用，为各个行业带来了创新和便利。

总结：

在了解一个新的领域的时候，你可以要求 AI 给出一些实际的案例。当你没有这个要求的时候，它往往给你一些比较泛泛的解释，但是当你提出了要有应用案例的时候,它会给你展开很多实际的应用领域和案例,而且用表格方式呈现更加清晰明了。

后记

我们与 AI 的未来

众所周知，2025年将是AI大爆发的一年。这一年来，AI的发展已经不能用"日新月异"这个词来形容了，每过几小时甚至几分钟，媒体就会传来AI更新迭代和跨领域运用的消息。AI已经渗透到各类App和软件中，进入到千家万户。2024年12月底，DeepSeek发布了其全新一代大模型DeeepSeek-V3，展示了该模型在深度学习、大规模数据处理、智能搜索、个性化推荐、多模态集成等方面的突破性进展。毫无疑问的是，AI以更强大的功能、更新更庞大的数据、更多行业融合的可能性，还有更低的价格，从技术竞争进入到生态竞争阶段。

时至今日，AI的发展给普通人的未来职业和教育带来了翻天覆地的变化。在这样的背景下，我们应该充分重视以下四种关键能力：

第一，创造力。AI帮助人类解决了很多重复性、机械性的工作，逐渐代替执行层。AI为人类打工，将成为一种新型的职场模式，所以我们要做的就是回到人类意识的顶端，拥有源源不断的创造力。以前一个团队可能需要上百人，现在有了 AI 的辅助，核心团队缩减到 10 个人左右就能搞定，但这 10 个人必须极具创造力和想象力，利用人机协作把想法落地。

第二，使用工具的能力。AI 发展的速度之快，大家有目共睹。在未来的职场中，淘汰你的并不是 AI，而是会使用 AI 的人。所以能驾驭新工具将是职场一种非常关键的能力，比如如何人机协作，如何向 AI 提出要求。这也是我写这本书的一个重点，打磨提问的颗粒度和精准度。

就像我提出的"AI 万能提问公式 = 角色设定 + 背景信息 + 任务目标 + 输出要求 + 输出规则"。如果你能给 AI 更多有价值的背景信息，如果你能向 AI 提出更精准的需求，AI 就会被你非常好地喂养和调教出来，甚至可以替代你完成 80% 的工作，把你从繁杂的信息处理中解放出来，让你把有限的精力和时间放在创造上。

第三，与人的体验有关的能力。按理来说，进入 AI 时代后，线上互联网的虚拟世界如此发达，很多活动在线上都能完成，但是各路"大咖"却一直强调要重视线下，原因就在于线上太发达了，我们更要重视线下人与人之间的信任、友情。我们会开心、难过、感动、落泪，我们是碳基人，而非硅基人，这是人最基本的情感体验。我们可以感受到真实的人、真实的感情。这种线下的情感交互体验在 AI 时代显得弥足珍贵。

第四，影响力。在现实中，AI 可以帮助我们解决生产力的问题，但是在销售端如何扩展渠道，如何获客，如何引流，如何成交？在这些环节，其实我们还是需要一个活生生的人，像 KOL 拥有独特人格魅力的 IP，去扩散自己的观点、想法，吸引更多的潜在客户来扩散自己的影响力。

这样的人即使卖的东西跟别人一样，也会因为自己独有的思想和调性，吸引一群人追随。对于 AI 来说，它缺乏这种独特人格魅力，"干货"可以给，但是人格魅力却给不了，所以我们要不断地提升自己的影响力。

只要把这四点掌握好了，你不仅不会对 AI 产生盲目的恐惧，并且还会知道从哪几方面用力才能够适应未来的变化趋势。

这个世界一直在发生着变化，不同的人会有不同的反应：

有一种人是不知不觉型的。不管外界发生了什么,他们总是按照自己的步调去生活,从来不愿意抬头看天,不愿意花一点时间和精力去了解环境之下风云变化的技术发展局势。他们当然就会成为最早被边缘化的一群人。

有一种人是后知后觉型的。等事情发生了之后他才恍然大悟:"原来世界刚刚发生了这样的巨变,我怎么就没有抓住风口呢?"诸如2007年、2015年的大牛市,之前的淘宝、京东,现在的抖音,还有正在发生的 AI 技术革命。这些都是大大小小的风口,但凡他们抓住一个好好做,都会有收获。但是,当机会风驰电掣地来到他们的面前,他们又会犹豫和胆怯:"现在就要学吗?别人都没有学呢!这是不是骗子?"这是不是智商税?犹豫良久,机会早已去敲别人家的门了。

还有一种人是先知先觉型的。这类人能够敏锐地觉察到外部的变化,并且能够判断这是一种什么级别的变化。一旦确定是不可多得的变革型机会,他们就会迅速地投入进去,成为建设者、创造者和引领者。当然,这个时代总是会毫不吝啬地奖励这些有勇有谋的先行者。

如今,AI 的浪潮已经来临,这次你要不要当一回先行者?